普通高等教育"十二五"创新型规划教材·电工电子实验精品系列

电路原理实验教程

尹　明　主　编

王丽娟　林　春　副主编

U0222409

哈尔滨工业大学出版社

内 容 简 介

　　本书共分 4 章,主要包括实验的基本知识和方法、电路基础实验、电路综合实验等内容。第 1 章介绍实验的基本知识、基本方法和基本要求;第 2 介绍电路原理实验中常用的元器件性能、参数和用途;第 3 章和第 4 章共有 23 个实验项目,覆盖了电路原理大部分知识点,可根据教学要求选择。实验项目按照由简入繁、由易入难的认知规律,围绕实验目的详细介绍实验原理和测量方法,设计了具体的实验内容和步骤,使学生逐步掌握实验操作技能,积累实践经验。

　　本书可作为普通高等学校电气、电子、通信和计算机等电类专业电子技术实验和课程设计的教材或教学参考书,也可作为工程技术人员的参考用书。

图书在版编目(CIP)数据

　　电路原理实验教程/尹明主编. —哈尔滨:哈
尔滨工业大学出版社,2013.9(2023.2 重印)

　　ISBN 978-7-5603-4166-8

　　Ⅰ.①电…　Ⅱ.①尹…　Ⅲ.①电路理论-实验-高等学校-教材
Ⅳ.①TM13-33

　　中国版本图书馆 CIP 数据核字(2013)第 161102 号

策划编辑　王桂芝　　任莹莹
责任编辑　李长波
出版发行　哈尔滨工业大学出版社
社　　址　哈尔滨市南岗区复华四道街 10 号　邮编 150006
传　　真　0451-86414749
网　　址　http://hitpress.hit.edu.cn
印　　刷　黑龙江艺德印刷有限责任公司
开　　本　787 mm×1 092 mm　1/16　印张 8.5　字数 183 千字
版　　次　2013 年 9 月第 1 版　2023 年 2 月第 5 次印刷
书　　号　ISBN 978-7-5603-4166-8
定　　价　25.00 元

序

电工、电子技术课程具有理论与实践紧密结合的特点,是工科电类、非电类各专业必修的技术基础课程。电工、电子技术课程的实验教学在整个教学过程中占有非常重要的地位,对培养学生的科学思维方法、提高动手能力、实践创新能力及综合素质等起着非常重要的作用,有着其他教学环节不可替代的作用。

根据《国家中长期教育改革和发展规划纲要(2010~2020)》及《卓越工程师教育培养计划》"全面提高高等教育质量"、"提高人才培养质量"、"提升科学研究水平"、支持学生参与科学研究和强化实践教学环节的指导精神,我国各高校在实验教学改革和实验教学建设等方面也都面临着更大的挑战。如何激发学生的学习兴趣,通过实验、课程设计等多种实践形式夯实理论基础,提高学生对科学实验与研究的兴趣,引导学生积极参与工程实践及各类科技创新活动,已经成为目前各高校实验教学面临的必须加以解决的重要课题。

长期以来实验教材存在各自为政、各校为政的现象,实验教学核心内容不突出,一定程度上阻碍了实验教学水平的提升,对学生实践动手能力的培养提高存有一定的弊端。此次,黑龙江省各高校在省教育厅高等教育处的支持与指导下,为促进黑龙江省电工、电子技术实验教学及实验室管理水平的提高,成立了"黑龙江省高校电工电子实验教学研究会",在黑龙江省各高校实验教师间搭建了一个沟通交流的平台,共享实验教学成果及实验室资源。在研究会的精心策划下,根据国家对应用型人才培养的要求,结合黑龙江省各高校电工、电子技术实验教学的实际情况,组织编写了这套"普通高等教育'十二五'创新型规划教材·电工电子实验精品系列",包括《模拟电子技术实验教程》《数字电子技术实验教程》《电路原理实验教程》《电工学实验教程》《电工电子技术 Multisim 仿真实践》《电子工艺实训指导》《电子电路课程设计与实践》《大学生科技创新实践》。

该系列教材具有以下特色:

1. 强调完整的实验知识体系

系列教材从实验教学知识体系出发统筹规划实验教学内容,做到知识点全面覆盖,杜绝交叉重复。每个实验项目只针对实验内容,不涉及具体实验设备,体现了该系列教材的普适通用性。

2. 突出层次化实践能力的培养

系列教材根据学生认知规律,按必备实验技能—课程设计—科技创新,分层次、分类型统一规划,如《模拟电子技术实验教程》《数字电子技术实验教程》《电工学实验教程》《电路原理实验教程》,主要侧重使学生掌握基本实验技能,然后过渡到验证性、简单的综合设计性实验;而《电子电路课程设计与实践》和《大学生科技创新实践》,重点放在让学生循序渐进掌握比较复杂的较大型系统的设计方法,提高学生动手和参与科技创新的能力。

3. 强调培养学生全面的工程意识和实践能力

系列教材中《电工电子技术 Multisim 仿真实践》指导学生如何利用软件实现理论、仿真、实验相结合,加深学生对基础理论的理解,将设计前置,以提高设计水平;《电子工艺实训指导》中精选了 11 个符合高校实际课程需要的实训项目,使学生通过整机的装配与调试,进一步拓展其专业技能。并且系列教材中针对实验及工程中的常见问题和故障现象,给出了分析解决的思路、必要的提示及排除故障的常见方法,从而帮助学生树立全面的工程意识,提高分析问题、解决问题的实践能力。

4. 共享网络资源,同步提高

随着多媒体技术在实验教学中的广泛应用,实验教学知识也面临着资源共享的问题。该系列教材在编写过程中吸取了各校实验教学资源建设中的成果,同时拥有与之配套的网络共享资源,全方位满足各校实验教学的基本要求和提升需求,达到了资源共享、同步提高的目的。

该系列教材由黑龙江省十几所高校多年从事电工电子理论及实验教学的优秀教师共同编写,是他们长期积累的教学经验、教改成果的全面总结与展示。

我们深信:这套系列教材的出版,对于推动高等学校电工电子实验教学改革、提高学生实践动手及科研创新能力,必将起到重要作用。

教育部高等学校电工电子基础课程教学指导委员会副主任委员
中国高等学校电工学研究会理事长
黑龙江省高校电工电子实验教学研究会理事长
哈尔滨工业大学电气工程及自动化学院教授

2013 年 7 月于哈尔滨

前　言

　　《电路原理实验教程》是在黑龙江省教育厅高教处的统一立项和指导下,在黑龙江省电工电子实验教学研究会的统一组织下,总结黑龙江省各高校多年来的电路实践教学改革经验,跟踪电工电子技术发展新趋势,并结合以往电工电子系列实验讲义和参阅相关资料的基础上,针对加强学生实践能力和创新能力培养的教学目标编写完成的。

　　电路原理实验课程是电类专业学生第一门必修的重要专业实验课程,是一门研究电路网络分析和网络设计与综合的基础课程,具有基础科学和技术科学的双重性,既是电类学生学习后续课程的基础,也为解决电工电子工程中的实际问题服务,在电类专业中具有重要的地位和作用。本教程根据教育部工科电工课程教学指导委员会关于电路原理和电工学实验教学的基本要求,结合编者多年的教学经验并借鉴其他相关实验教材编写而成,旨在实现开放式教学,指导学生能够独立进行实验,完成实验课程的学习,帮助学生巩固和加深理解理论知识,培养和训练实验技能,树立工程实际观点和严谨的科学作风。

　　本教程共分为4章,主要包括实验的基本知识和方法、电路基础实验、电路综合实验等内容。第1章介绍实验的基本知识、基本方法和基本要求;第2介绍电路原理实验中常用的元器件性能、参数和用途;第3章和第4章共有23个实验项目,覆盖了电路原理大部分知识点,可根据教学要求选择。实验项目按照由简入繁、由易入难的认知规律,围绕实验目的详细介绍实验原理和测量方法,设计了具体的实验内容和步骤,使学生逐步掌握实验操作技能,积累实践经验。

　　本教程由齐齐哈尔大学尹明担任主编并负责全书的统稿工作,佳木斯大学王丽娟和东方学院林春担任副主编,东方学院邵雅斌参加了编写。其中尹明编写了第1章、第3章的3.1～3.4节、3.17～3.20节及第4章,王丽娟编写了第3章的3.5～3.10节,林春编写了第2章,林春和邵雅斌合编了第3章的3.11～3.16节。

　　在本书的编写过程中,哈尔滨工业大学吴建强教授和齐齐哈尔大学电工电子教学与实验中心教师给予很多帮助并提出了宝贵的改进意见,黑龙江省高校电工电子实验教学研究会和哈尔滨工业大学出版社给予了多方面的支持和诸多建议,在此表示衷心和诚挚的感谢。

　　由于编者水平所限,书中难免有疏漏和不妥之处,敬请读者和使用本书的广大师生批评指正,以便进一步完善。

编　者

2013 年 4 月

目　　录

第1章 绪 论

1.1 实验课程的目的和意义

1.1.1 实验课程的目的

（1）通过实验培养学生利用基本理论分析问题、解决问题的能力，巩固所学的理论知识。

（2）培养理论联系实际的能力及严谨求实的科学态度。

（3）掌握一般的安全用电常识。

（4）掌握必要的电路与电工实验技能，能正确使用常用的电工仪表、电子仪器及常用电气设备，培养学生的电工与电子技术的基本工程素质。

（5）具有独立设计并组织和安排实验的基本技能，并能初步分析和排除故障。

（6）能准确读取数据、测绘波形和曲线，能对实验结果进行正确的逻辑分析并总结。

1.1.2 实验课程的意义

电路理论基础实验是实际能力及技能培养教学环节的入门课程，它的开设有别于中学及大学物理的实验，已不再只是为了巩固理论知识、验证某个定理，或者观察几个电路的功能是否与理论一致，而是侧重于在实验室这个模拟现场的环境里，通过实验验证和巩固所学的理论知识，逐步培养运用从书本中学到的理论知识去分析解决实际问题的能力，了解将理论转化为生产力的各个环节和过程。掌握基本的电工和电子测量技术，学习各种常用的电工与电子仪器、仪表的使用方法，训练学生进行科学实验的基本技能，培养学生解决实际工程问题的能力，为后续的专业学习和将来从事工程技术工作打下一定的基础。

1.2 实验课程的要求

1.2.1 实验课程的要求

实验课的操作性很强，除了要面对课堂和书本外，还要面对各种各样的仪器。要想完成学习任务、达到实验目的，首先需要了解这些仪器的功能、特点，熟悉它们的操作规程，掌握正确的使用方法。要做到这一点,同学们必须多接触仪器,通过实际操作,不断积累经验,掌握正确的使用(测量)方法和技巧。通过实验教学,学生应达到以下教学要求:

(1)具有能读懂基本电路图,并能根据电路图连接电路的实际操作能力。

(2)具有分析基本电路功能和作用的能力,掌握测试电路性能或功能的方法。

(3)具有分析、发现一般故障并排除故障的能力。

(4)掌握常用电工电子测量仪器设备的选择和使用方法,能够独立完成实验。

(5)掌握测试各种基本电路性能或功能的方法,具有分析、发现基本实训一般故障并能自行排除的能力。

(6)能够独立整理实验数据、理论分析、计算结果及总结结论,完成实验报告。

(7)学习查阅工程设计手册和技术资料,能合理选择元器件并实际组装接线。

因此,要求学生在进行实验时要做到如下几点:

(1)不缺勤,不迟到。

(2)自觉地维护实验室秩序,保持一个良好的实验环境。

(3)要做到手勤、脑勤,既动手又动脑,要先想到、后手到,避免盲目操作。

(4)实验中要胆大心细,不断积累实践经验。

(5)认真对待实验课的各个教学环节,养成良好习惯。

(6)要遵守实验室制定的一切规章制度。

1.2.2　预习报告和实验报告的要求

1. 预习报告

为达到良好的实验效果,在实验前必须要充分预习,写出预习报告。预习报告可起到以下两个作用:

(1)真正了解实验的目的,为本次实验制定出合理的实验方案,进入实验室后即可按照预习报告有条不紊地进行实验。

(2)为实验后的总结提供原始资料。

因此,在实验预习时要了解本次实验的目的,认真阅读本实验教程和相关的理论教材,弄清实验电路的基本原理,掌握参数的测量方法;阅读实验教材中相关仪器使用的方法,熟悉所用仪器的主要性能和使用方法,估算测试的数据和实验结果。

预习报告包括实验目的、实验设备、实验预习等内容。在实验预习报告中应该设计出有效的实验方案(包括实验原理图),并确定实验步骤及测量对象,设计记录数据的表格,明确要注意的问题。

2. 实验报告

实验后要写出实验报告。实验报告要用规定的实验报告用纸,用简明的文字、图表把实验结果完整、真实地表达清楚,做到语言流畅、图表清晰、字迹工整、分析合理、讨论深入。实验报告包括以下几个方面:

（1）实验目的。

（2）实验设备。

（3）实验内容及实验原理图。

（4）经过整理的实验数据表格及计算结果（附原始数据）。

（5）按要求用坐标纸绘制曲线或相量图。

（6）实验结果的分析总结。

1.3　电工测量概述

1.3.1　测量与测量单位的概念

1.测量的概念

在生产、生活、科学研究及商品贸易中都需要测量。通过测量可以定量地认识客观事物，从而达到掌握事物的本质和揭示自然界规律的目的。英国物理学家汤姆逊说过："每一件事只有当可以测量时才能被认识。"由此可以看出测量的重要意义。

测量是为了确定被测对象的量值而进行的实验过程，是人们借助专门的设备，将被测量作为测量单位与已知量相比较的过程。在比较的过程中，可以确定被测量的量是已知量的几倍或几分之几。测量的结果包括两部分：一是纯数量，二是单位名称。例如，测量某一电流，测量结果可写为 $I=1$ A。一般而言，测量的结果可表示为

$$x=A_x k_0 \tag{1.1}$$

式中，x 是被测量；A_x 是测量得到的数字值，简称量值；k_0 为测量单位（也称基准单位），简称单位。

电工测量仪表中，有些电工仪表可以将比较的结果直接指示出来，如电流表、电压表、功率表等，这类仪表称为电工测量指示仪表。除了电工测量指示仪表外，还有电桥、电位差计等仪表，它们是将被测量与同类单位量直接进行比较的仪表。

2.测量单位

测量时采用国际单位制（也称 SI 制）。国际单位制以实用单位制为基础，包括七个基本单位、两个辅助单位和其他导出单位。

七个基本单位分别是长度单位（米，m）、质量单位（千克，kg）、时间单位（秒，s）、电流单位（安培，A）、热力学单位（开尔文，K）、物质的量单位（摩尔，mol）和发光强度单位（坎德拉，cd）。

两个辅助单位分别是平面角单位（弧度，rad）和立体角单位（球面度，sr）。

其他所有物理单位都可以由七个基本单位导出，称为导出单位。电工电子测量常用的国际单位有电流（A）、电压（V）、功率（W）、频率（Hz）、阻值（Ω）、电感（H）、电容（F）和时间（s）。

1.3.2　基本测量方法

选择什么样的测量方法进行测量，首先取决于被测量的性质，其次也要考虑测量条件和所

提出的测量要求,这些因素也就成为测量方法分类的依据。

1. 按测量方法分类

(1)直接测量法。

将被测量与作为标准的量直接比较,或用已经有刻度的仪表进行测量,从而直接测得被测量的数值,即不必进行辅助计算就可直接得到被测量量值的测量方法称为直接测量法。例如用电压表测量电压,用欧姆表测量电阻等。

(2)间接测量法。

利用测量的量与被测量之间的函数关系(公式、曲线、表格等),间接得到被测量值的测量方法,称为间接测量法。如测量电阻上的功率

$$P = U \cdot I = U^2/R$$

可以通过测量电阻上的分压和电阻,计算其电阻上的功率。

2. 按被测量性质分类

(1)时域测量。

时域测量又称为瞬态测量,主要测量被测量随时间变化的规律,被测量是时间的函数。如电压信号,可以用示波器观察其波形、测量瞬态量和幅值。

(2)频域测量。

频域测量又称为稳态测量,主要测量被测量的幅频特性和相频特性,被测量是频率的函数。如用频率特性测试仪测量放大电路的幅频特性、相频特性。

(3)数据域测量。

数据域测量又称为逻辑量测量,是指用逻辑分析仪等设备测量数字量或电路的逻辑状态。

(4)随机测量。

随机测量又称为统计测量,主要对各类噪声信号进行动态测量和统计分析。

1.3.3 测量误差的定义和分类

1. 测量误差的定义

在实际测量中,由于测量仪器、工具的不准确,测量方法的不完善及各种因素的影响,实验中测得的值和它的真实值并不完全相同,这种矛盾在数值上的表现即为误差。只要进行测量,所得到的测量值与真值之间就会产生误差,这是不可避免的。电工电子测量误差通常有绝对误差和相对误差两种形式。

(1)绝对误差。

测量值 x 与被测量真值 x_0 间的偏差称为绝对误差 Δx,即

$$\Delta x = x - x_0$$

测量值即仪器的测出值,而真值虽然是客观存在的,但通常是得不到的,一般要用理论值或精度较高的仪器测量值代替。绝对误差与被测量具有相同的单位,并有正负之分。

（2）相对误差。

绝对误差 Δx 与真值 x_0 的比值称为相对误差 γ，常用百分比表示，即

$$\gamma = \frac{\Delta x}{x_0} \cdot 100\% \tag{1.2}$$

绝对误差只能表示某个测量值的近似程度，但是两个大小不同的测量值，当它们的绝对误差相同时，准确程度并不相同。

例如，在测 100 mV 的电压时，绝对误差为 1 mV，测 1 V 电压时的绝对误差是 10 mV，两个电压的绝对误差相差 10 倍，但它们的相对误差却是相同的。所以为了符合衡量测量值的准确程度，引入了相对误差的概念。

2. 测量误差分类

按其测量误差的性质和特点，可分为系统误差、偶然误差（也称随机误差）及粗大误差。

（1）系统误差。

在相同的测量条件下，多次测量同一个量时，误差的数值（大小和符号）均保持不变或按照某种确定性规律变化的误差称为系统误差。

系统误差通常是由测量器具、测量仪器和仪器本身的误差产生的。此外，由于测量方法不完善及测量者不正确的测量习惯等产生的测量误差也称为系统误差。由于系统误差具有一定的规律性，因此可以根据误差产生的原因，采取一定的措施，设法消除或加以修正。

（2）偶然误差。

偶然误差又称随机误差，是由测量中某些偶然因素引起的误差。

一次测量的随机误差没有规律，但是，对于大量的测量结果，从统计观点来看，随机误差的分布接近正态分布，只有极少数服从均匀分布或其他分布。因此，可以采用数理统计的方法来分析随机误差，用有限个测量数据来估计总体的数字特征。

（3）粗大误差。

粗大误差是明显超过正常条件下的系统误差和随机误差的误差。

粗大误差通常是由测量人员的不正确操作或疏忽等原因引起的。凡是被确认含有粗大误差的测量数据均称为坏值，应该剔除不用。

1.3.4 测量的准确度、精密度及精确度

准确度是指被测量的测量值与其真值接近的程度，两者相对误差越小，测量值越准确。

精密度是指多次测量结果之间的差异程度，反映随机误差大小的程度。

精密度和准确度是两个不同的概念，精密度高不等于准确度高，反之亦然。精密度和准确度总称为精确度。通常说某仪器的精确度高，就是指它既精密又准确。

1.4 实验数据的记录和处理

1.4.1 数据的有效数字

在记录一个数字时,保留一位欠准确数字,其余数字为准确数字,称按此规定记录下来的数字为有效数字。记录有效数字时应注意以下几点:

(1)记录有效数字时,应只保留一位欠准确数字。

(2)除非另有规定,欠准确数字表示某位上有±1 个单位或者下一位有±5 个单位误差。例如4.2,末尾的 2 为欠准确数字,表示测量结果实际介于 4.15 与 4.25 之间。

(3)有效数字的位数与小数点无关,例如 1 234,1.234,12.34 都是四位有效数字。

(4)"0"在数字之间或者在数字的末尾算作有效数字,例如 0.012 为两位有效数字;5.50 为三位有效数字,末尾的 0 为欠准确数字。

(5)遇到大数值与小数值时,很难说后面的"0"是有效数字还是非有效数字,因此必须使用 10 的幂次,如 1 200 Hz 可写成 1.2 kHz,有效数字为 2 位。

(6)表示误差时,一般情况下只取一位有效数字,最多取两位有效数字,如±1% ,±5%。

1.4.2 实验数据的处理

当有效数字的位数确定后,其余数字应一律舍去。传统方法采用"四舍五入"法,现已广泛采用"小于 5 舍,大于 5 入,等于 5 时,前偶则舍,前奇则入"的方法。

例如 12.450 取三位有效数字时,由于被舍去的第一位数为 5,而 5 前面的数为偶数,则 5 及 5 后面的数舍去,5 前面的数不加 1,故为 12.4;而 12.350 取三位有效数字,由于 5 前面的数为奇数,故 5 前面的数加 1,为 12.4。

1.4.3 测量结果的曲线处理

在分析多个物理量之间的关系时,与用数字、公式表示比较,用曲线表示更形象和直观,因此测量结果常要用曲线来表示。

在实际测量过程中,由于各种误差的影响,测值数据将出现离散现象,如将测量点直接连接起来将不是一条光滑的曲线,而是呈折线状,如图 1.1 所示。

应用有关误差理论,可以把各种随机因素引起的曲线波动抹平,使其成为一条光滑均匀的曲线,这个过程称为曲线的修匀。在要求不太高的测量中,常采用一种简便、可行的工程方法——分组平均法来修匀曲线,这种方法是将各测量点分成若干组,每组含 2 ~ 4 个数据点,然后分别估取各组的几何重心,再将这些重心连接起来。图 1.2 所示就是每组取 2 ~ 4 个数据点进行平均后的修匀曲线。这条曲线由于进行了测量点的平均,在一定程度上减少了偶然误差的影响,使之较为符合实际情况。在曲线斜率大和变化规律重要处,测量点适当选密些,分组数目也适当多些,以确保准确。

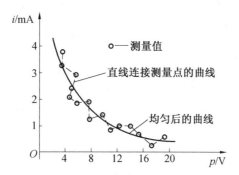

图 1.1　直线连接测量点时曲线的波动情况

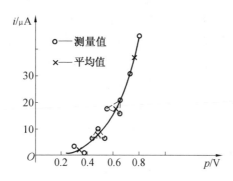

图 1.2　分组平均法修匀曲线

1.5　实验室安全注意事项

1.5.1　实验室供电系统

　　实验室里的各种电工仪表和电子仪器设备,都是在动力电(AC 220 V 或 AC 380 V)下工作的。因此,必须了解实验室的供电系统及安全用电常识,以便正确合理地安装使用这些仪器设备,避免用电事故发生。

　　实验室通常使用的动力电是频率为 50 Hz、线电压为 380 V、相电压为 220 V 的三相交流电源。由于在实验室里很难做到三相负载平衡工作,因此常采用 Y－Y 型连接。从配电室到实验室的供电线路如图 1.3 所示。其中 A、B、C 为三条火线,O 为中性线或回流线。中性线通常在配电室一端接地,又称零线,其对地电位为 0。该供电系统称为三相四线制供电系统。

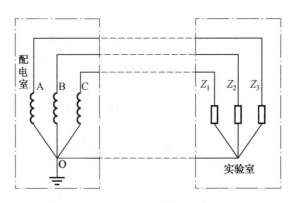

图 1.3　实验室供电系统

实验室的仪器通常采用 220 V 供电,经常是多台仪器一起使用。为了保证操作人员的人身安全,使其免遭电击,需要将多台仪器的金属外壳连在一起并与大地连接,因此在实验室的用电端需要引入一条与大地连接良好的保护地线。从实验室配电盘(电源总开关)到实验台的供电线路如图 1.4 所示。

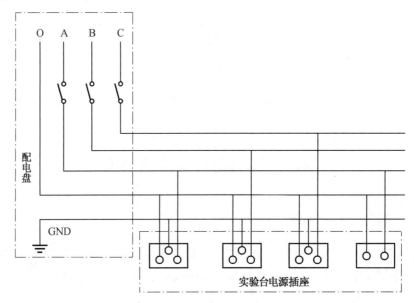

图 1.4　实验室供电线路

220 V 的交流电从配电盘分别引到各个实验台的电源接线盒上,电源接线盒上有两芯插座和三芯插座供仪器设备等用电器使用。按照电工操作规程的要求,两芯插座与动力电的连接是左孔接零线、右孔接火线。三芯插座除了按左孔接零线、右孔接火线连接之外,中间孔接的是保护地线(GND)。因此,实验室的供电系统比较确切的叫法应该是三相四线一地制,即三条火线、一条零线和一条保护地线。

1.5.2　零线与保护地线的区别

零线与保护地线虽然都与大地相接,但它们之间有着本质的区别。

(1)接地的地点不同。零线通常在低压配电室即变压器次级端接地,而保护地线则在靠近用电器端接地,两者之间有一定距离。

(2)流过零线与保护地线的电流大小不同。零线中有电流,即零线电压为 0、电流不为 0,零线中的电流为三条火线中电流的矢量和。在一般情况下,保护地线电压为 0、电流也为 0,只有当漏电产生时或发生对地短路故障时,保护地线中才有电流。

(3)零线与火线及用电负载构成回路,保护地线不与任何部分构成回路,只为仪器的操作者提供一个与大地相同的等电位。因此,零线和保护地线虽说都与大地相接,但不能把它们视为等电位,在同一幅电路图中不能使用相同的接地符号,在实验室里更不能把零线作为保护地线和测量参考点,了解这一点非常重要,否则会造成短路,在瞬间产生大电流,烧毁仪器、实验电路等。

了解零线与保护地线的区别具有实际意义,因为在实验室内,要求所有一起使用的电子仪器,其外壳要连在一起并与大地相接,各种测量也都是以大地(保护地线)为参考点的,而不是零线。

1.5.3 电子仪器电源的引入及其信号线的连接

1. 电子仪器电源的引入

电子仪器中的电子器件只有在稳定的直流电压下才能正常工作。该直流电压通常是将动力电(220 V/50 Hz)经变压器降压后,再通过整流、滤波和稳压得到。

目前多采用三芯电源线将动力电引入电子仪器,连接方式如图 1.5 所示。电源插头的中间插针与仪器的金属外壳连在一起,其他两针分别与变压器初级线圈的两端相连。这样,当把插头插在电源插座上时,通过电源线就把仪器外壳连到大地上,火线和零线也接到变压器的初级线圈上。当多台仪器一起使用并都采用三芯电源线时,这样通过电源线就能将所有的仪器外壳连在一起,并与大地相连。

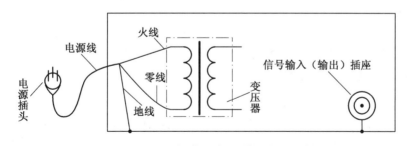

图 1.5　电源线、信号输入/输出线的连接

2. 电子仪器的信号线连接

在使用的电子仪器中,有的是向外输出电量,称为电源或信号源;有的是对内输入电量,以便对其进行测量。不管是输入电量还是输出电量,仪器对外的联系都是通过接线柱或测量线插座来实现的。若用接线柱,通常将其中之一与仪器外壳直接相接并标上接地符号"⊥",该柱常用黑色,另一个与外壳绝缘并用红色。若用测量线插座实现对外联系,通常将插座的外层

金属部分直接固定在仪器的金属外壳上,如图 1.5 所示。

实验室使用的测量线大多数为 75 Ω 的同轴电缆线。一般电缆线的芯线接一个红色鳄鱼夹,网状屏蔽线接一个黑色鳄鱼夹,网状屏蔽线的另一端与测量线插头的外部金属部分相接。当把测量线插到插座上时,黑夹子线即和仪器外壳连在一起,也可以说,黑夹子线端就是接地点,因为仪器外壳是与大地相接的。由此可见,实验室的测量系统实际上均是以大地为参考点的测量系统。如果不想以大地为参考点,就必须把所有仪器改为两芯电源线,或者把三芯电源的接地线断开,否则就要采用隔离技术。

若使用两芯电源线,测量线的黑夹子线一端仍和仪器外壳连在一起,但外壳却不能通过电源线与大地连接,这种情况称为悬浮地。当测量仪器为悬浮地时,可以测量任意支路电压。当黑夹子接在参考点上时,测得的量为对地电位。

以上的讨论得出这样一个结论:信号源一旦采用三芯电源线,那么由它参与的系统就是一个以大地为参考点的系统,除非采取对地隔离(如使用变压器、光耦等);若测量仪器(如示波器、毫伏表)一旦采用三芯电源线,它就只能测量对地电位,而不能直接测量支路电压。因此,在所有仪器都使用三芯电源线的实验系统中,其黑夹子必须都接在同一点上,即所谓的"共地",否则就会造成短路。

1.5.4　人身安全和仪器设备使用安全

进入实验室参加实验的学生必须了解安全用电的重大意义并遵守安全用电规程。安全用电指两个方面:一是人身安全;二是安全用电。

由于实验室采用 220 V/50 Hz 的交流电,当人体直接与动力电的火线接触时就会遭到电击。一般安全电压为 36 V,超出该电压就可能对人体造成伤害。

每台仪器只有在额定的电压下才能正常工作,当电压过高或过低时都会影响仪器正常工作,甚至烧坏仪器。我国生产并在国内销售的电子仪器多采用 220 V 交流电,在一些进口或国内外销售的国产电子仪器中,有一个 220 V/110 V 电源选择开关,通电前一定要将此开关置于与供电电网电压相符的位置。另外,还要注意仪器用电的性质,是交流还是直流,不能用错。若用直流供电,除电压幅度满足要求外,还要注意电源的正、负极性。

实验过程中,必须遵守实验室规程:

(1)严禁带电接线、拆线或改接线路。

(2)不准擅自接通电源。学生连接好实验线路后,必须经指导教师检查后才能接通电源。接通电源或启动运转类设备时,应告知同组同学。

(3)通电后不允许人体触及任何带电部位,不得带电操作,以防发生触电事故。严格遵守"先接线、后通电"和"先断电、后拆线"的操作规程。

(4)实验过程中如果发生事故,应立即关断电源,保持现场,报告指导教师。

(5)不准任意搬动或调换实验室的仪器设备。非本次实验所用的仪器设备,未经指导教师允许不能动用。没有弄懂仪器设备的使用方法前,不得贸然通电使用。若损坏仪器设备,必须立即报告指导教师。

1.5.5　实验线路的连接

(1)实验线路要布局合理,实验对象、仪器仪表之间保持一定距离,跨接导线长短等因素对实验结果的影响较小。

(2)连接顺序应视电路复杂程度和操作者技术熟练程度自定。对初学者来说,可参照原理图,按照信号的输入输出顺序——对应接线为好。较复杂的电路,应先连接串联部分,后连接并联部分;同时考虑元器件、仪器仪表的同名端、极性和公共参考点等都应与电路原理图设定的位置一致,最后连接电源端。

(3)对连接好的电路,一定要认真细致地检查电路的连接,这是保证实验顺利进行、防止事故发生的重要环节。学生通过对线路的检查,既是对电路连接的再次实践,又是建立电路原理图与实物安装图之间内在联系的训练机会。

第2章　常用电子元器件

任何电路都是由元器件组成的,了解掌握元器件的工作原理、性能、结构和参数,是元器件正确选择和使用的基础。电阻器、电位器、电容器和电感器是电路中常用的元器件。

2.1　电阻器与电位器

2.1.1　电阻器

1.电阻器的定义、功能及分类

导电体对电流的阻碍作用称为电阻,常用符号 R 表示,单位为欧姆、千欧、兆欧,分别用 $\Omega,k\Omega,M\Omega$ 表示,进率为 10^3。

电阻在电路中的主要作用为分流、限流、分压和偏置等。当电流流过电阻器时,它会消耗电能而发热,因此,电阻是一种耗能元件。

电阻器的种类很多,按其使用功能可分为固定电阻器、可变电阻器和特殊电阻器。固定电阻器的电阻值是固定不变的,可变电阻器的电阻值可在一定范围内调节改变,特殊电阻器的阻值是随外界条件(如温度、压力、光线等)的变化而变化的;按制造工艺和材料可分为合金型、薄膜型和合成型电阻器,其中薄膜型又分为碳膜、金属膜和金属氧化膜电阻器等;按用途可分为通用型、精密型、高阻型、高压型、高频无感型和特殊电阻器,其中特殊电阻又分为光敏电阻、热敏电阻和压敏电阻等。

2.电阻器的主要技术参数

(1)标称阻值。

标称阻值就是电阻器表面所标示的阻值,是电阻的"名义"阻值。

普通电阻器的标称阻值有 E6、E12、E24 三个系列,分别有 6 个、12 个和 24 个标称阻值,见表 2.1。电阻器标称阻值应符合表 2.1 所列数值乘以 10^N,单位是欧姆(Ω),其中 N 为整数。高精度的电阻器有 E48、E96、E192 三个系列。

表 2.1　电阻器标称阻值系列

系列代号	容许误差	电阻器标称阻值
E6	±20%	1.0　1.5　2.2　3.3　4.7　6.8
E12	±10%	1.0　1.2　1.5　1.8　2.2　2.7　3.3　3.9　4.7　5.6　6.8　8.2
E24	±5%	1.0　1.1　1.2　1.3　1.5　1.6　1.8　2.0　2.2　2.4　2.7　3.0 3.6　3.9　4.3　4.7　5.1　5.6　6.2　6.8　7.5　8.2　9.1

（2）允许误差等级。

电阻器的标称阻值和实际阻值的差值与标称阻值之比的百分数称为阻值的允许误差,表示电阻器的精度。

电阻器允许误差的等级一般分为九级,具体规定见表 2.2。N 级很少用,E48、E96、E192 属于高精度的电阻器系列。

表 2.2　电阻器容许误差等级

容许误差	±0.1%	±0.25%	±0.5%	±1%	±2%	±5%	±10%	±20%	±30%
标称阻值系列	E192	E192	E192	E96	E48	E24	E12	E6	
文字符号	B	C	D	F	G	J	K	M	N
误差级别			005	01	02	I	II	III	

（3）标称功率。

电阻器的标称功率是指在正常大气压力为 90～106.6 kPa、环境温度为 –55～+70 ℃、周围空气不流通、长期连续工作不损坏或基本不改变性能的情况下,电阻器上允许消耗的最大功率。

电阻器供电工作时,把吸收的电能转换成热能,并使自身温度升高。如果温升速率大于热扩散率,会因温度过高将电阻器烧毁。因此,在选用电阻时应使其额定功率高于电路实际要求的 2 倍以上。

不同类型的电阻有不同系列的标称功率,电阻器的功率等级见表 2.3,厂家也经常生产非标准功率等级的电阻器。线绕电阻器一般也将功率等级印在电阻器上,其他电阻器一般不标注功率值。

表 2.3　电阻器的功率等级

名称	标称功率/W
实芯电阻器	0.25　0.5　1　2　5
线绕电阻器	0.5　1　2　6　10　15　25　35　50　75　100　150
薄膜电阻器	0.05　0.125　0.25　0.5　1　2　5　10　25　50　100

（4）最大工作电压。

电阻器的最大工作电压是指长期工作不发生过热或电击穿损坏时两端所加的最大电压 U_m。

由标称功率和标称阻值可计算出一个电阻器在达到满功率时，两端所允许施加的电压 U_p。实际应用时，电阻器两端所加的电压既不能超过 U_m，也不能超过 U_p。如果电压超过规定值，电阻器内部会产生电火花，引起噪声，甚至损坏。

（5）温度系数。

温度系数是指温度每变化 1 ℃所引起的电阻值的相对变化。温度系数表达式为

$$\alpha = (1/R_{25})(\Delta R/\Delta T) \tag{2.1}$$

单位为 1/℃，或写成 ppm/℃。其中，R_{25} 是标准温度下（一般为 25 ℃）的电阻值，ΔT 是温度变化量，ΔR 是温度变化 ΔT 时所产生的电阻值变化量。

温度系数越小，电阻的稳定性越好。阻值随温度升高而增大的为正温度系数，反之为负温度系数。温度系数可能是线性的，也可能是非线性的。

（6）老化系数。

老化系数是指电阻器在额定功率长期负荷下，阻值相对变化的百分数，它是表示电阻器寿命长短的参数。

（7）电压系数。

电压系数是指在规定的电压范围内，电压每变化 1 V，电阻器的相对变化量。

（8）噪声电动势。

噪声电动势是指产生于电阻器中的一种不规则的电压起伏，包括热噪声和电流噪声两部分。热噪声是由于导体内部不规则的电子自由运动产生的导体任意两点的电压不规则变化，是不可消除的。电流噪声是流过电阻器的电流引起的。电阻器的噪声电动势在一般电路中可以不考虑，但在弱信号系统中不可忽视。

3. 电阻器的型号命名

根据国家标准，电阻器型号命名方法由以下四部分组成。第 1 部分用字母 R 表示产品主称；第 2 部分用字母表示产品材料；第 3 部分用数字及字母表示类型；第 4 部分用数字表示序号。电阻器的型号命名法见表 2.4。例如：RJ71-0.125-5.1kI 表示精密金属膜电阻器，标称功率为 1/8 W，标称电阻值为 5.1 kΩ，允许误差为±5%。

4. 电阻器的标识方法

电阻的标称阻值和允许偏差一般都标在电阻体上，标识方法有三种：直标法、数码法及色环标识法。

（1）直标法。

直标法是用数字和单位符号在电阻器表面标出阻值和允许误差。如在表面标有 2k4 的电阻器阻值为 2.4 kΩ、在表面标有 4Ω3 的电阻器阻值为 4.3 Ω。允许误差等级用罗马数字表示，见表 2.2，若电阻上未注允许误差等级，则均为±20%。

表 2.4　电阻器的型号命名法

第1部分		第2部分		第3部分		第4部分
表示主称		表示材料		表示类型		表示序号
符号	意义	符号	意义	符号	意义	
R	电阻器	T	碳膜	1	普通型	包括:
W	电位器	P	硼碳膜	2	普通型	额定功率
		U	硅碳膜	3	超高频	阻值
		C	沉积膜	4	高阻	允许误差
		H	合成膜	5	高温	精度等级
		I	玻璃釉膜	7	精密	
		J	金属膜	8	电阻器-高压	
		Y	氧化膜	9	特殊	
		S	有机实芯	G	高功率	
		N	无机实芯	T	可调	
		X	线绕	X	小型	
		R	热敏	L	测量用	
		G	光敏	W	微调	
		M	压敏	D	多圈	

（2）数码法。

数码法是用3位阿拉伯数字和文字符号两者有规律地组合来表示标称阻值和允许误差范围。电阻器容许误差等级见表2.2。3位阿拉伯数字的前2位数字表示电阻器阻值的有效数字,第3位则表示前两位有效数字后面应加"0"的个数。例如,153表示15 kΩ。片状电阻器通常采用数码法标注。

（3）色环标识法(色标法)。

用不同颜色的色环或点在电阻器表面标出标称阻值和允许偏差,电阻值单位一律为Ω。国外电阻器大部分采用色标法。色环对应的数值见表2.5。

表 2.5　色环对应的数值

颜色	黑	棕	红	橙	黄	绿	蓝	紫	灰	白	金	银	无色
有效数字	0	1	2	3	4	5	6	7	8	9			
倍率	10^0	10^1	10^2	10^3	10^4	10^5	10^6	10^7	10^8	10^9	10^{-1}	10^{-2}	
允许偏差/±%		1	2			0.5	0.25	0.1			5	10	20

色环标识法有用四条色环和五条色环进行标识的两种方法。

普通电阻常采用四色环表示标称阻值和允许偏差,其中的前两条色环表示阻值的有效数字,第三条色环表示有效数字后面应加"0"的个数,最后一条色环表示偏差,如图2.1(a)所示。精密电阻器采用五条色环表示标称阻值和允许偏差,其中的前三条色环表示阻值的有效数字,第四条色环表示有效数字后面应加"0"的个数,最后一条色环表示偏差,如图2.1(b)所示。

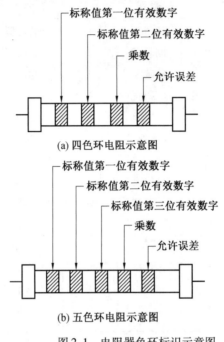

图 2.1　电阻器色环标识示意图

识别一个色环电阻器的标称值和精度,首先要确定首环和尾环(精度环)。首、尾环确定后,就可按照每道色环所代表的意义读出标称值和精度。按照色环的印制规定,离电阻器端边最近的为首环,较远的为尾环。当电阻为四环时,最后一环必为金色或银色。五色环电阻器中,尾环的宽度比其他环的大 1.5 ~ 2 倍。

例如一只电阻器的色环按顺序为红、黄、棕、金色,则其标称值为 240 Ω,允许误差为±5%。再如一只电阻器的色环按顺序为蓝、灰、黑、橙、紫色,则其标称值为 680 kΩ,允许误差为±0.1%。

5. 电阻器的选用

选用电阻时应该首先确定电阻的阻值,然后确定其他参数。选用电阻时应该注意以下几点:

(1)选用电阻的标称功率应高于实际消耗功率1.5 ~ 2 倍,避免由于实际工作电阻过度发热、阻值明显变化,烧毁电阻引发事故。

(2)电阻装接前应进行测量、核对,尤其是在精密电子仪器设备装配时还需经人工老化处理,以提高稳定性。

(3)在装配电子仪器时,若所用非色环电阻,则应将电阻标称值标识朝上,且标识顺序一致,以便于观察。

（4）电路中如需串联或并联电阻来获得所需阻值时，应考虑其标称功率。阻值相同的电阻串联或并联，额定功率等于各个电阻额定功率之和；阻值不同的电阻串联时，额定功率取决于高阻值电阻。并联时，取决于低阻值电阻，且需计算方可应用。

（5）选用电阻时应根据电路中信号频率的高低来选择。例如：线绕电阻本身是电感线圈，不能用在高频电路中。薄膜电阻中，若电阻体上刻有螺旋槽的，工作频率在 10 MHz 左右，未刻螺旋槽的（如 RY 型）工作频率则更高。

（6）无特殊要求时，一般可选金属膜或碳膜电阻，成本低、安装工艺较简单。

2.1.2　电位器

电位器是一种连续可调的电阻器，它靠一个活动点（电刷）在电阻体上滑动，可以获得与转角（或位移）成一定关系的电阻值。

电位器的主要作用是通过调节电压和电流实现电子设备中的参量控制。例如，收音机中的音量调节，电视机中的亮度、对比度调节即是通过调节电位器实现的。

1.电位器的分类

电位器种类繁多，按电阻体的材料可分为合成膜电位器、金属膜电位器和氧化膜电位器等；按调节方式可分为旋转式电位器和直滑式电位器；按组合形式可分为单联电位器和多联式（同轴、异轴式）电位器；按用途可分为普通、精密、微调、功率、高频、高压和耐热电位器；按阻值变化特性可分为线性电位器、对数式电位器（D）、指数式电位器（Z）和正余弦式电位器等。一些常用的电位器特点及应用场合见表 2.6。

表 2.6　电位器特点及应用场合

名称	阻值及功率	主要特点	适用
线绕电位器 （型号：WX）	4.7 ~ 100k Ω 0.25 ~ 25 W	功率大、精度高、温度系数小、耐高温	高温、大功率电路及精密调节电路
合成膜电位器 （型号：WTH）	100 ~ 4.7M Ω 0.1 ~ 2 W	阻值范围宽、分辨率高、寿命长、噪声大、温度系数大	民用中低档产品及一般仪表电路
片状微调电位器	10 ~ 10M Ω 1/16 ~ 1/8 W	体积小、性能好、价格较高	要求较高的电路作微调
有机实芯电位器 （型号：WS）	100 ~ 4.7M Ω 0.25 ~ 2 W	耐热、耐磨、体积小	对可靠性、温度及过载能力要求高的电路
金属玻璃釉电位器 （型号：WI）	20 ~ 2M Ω 0.5 ~ 0.75 W	阻值范围宽、体积小、耐热好、过载能力强、高频性能好	要求较高的电路及高频电路
数字电位器	1 kΩ ~ 数百 kΩ 1 mW ~ 数十 mW	寿命长、数字化、输出离散量	音视频设备，数字系统

2.电位器的主要技术参数

(1)标称阻值(最大阻值)与零位电阻。

标称阻值是标在电位器的外壳上的名义电阻,其系列与电阻的系列类似。零位电阻是电位器的活动点位于始末端时,活动电刷与始末端之间存在的接触电阻,此阻值不为零,而是电位器的最小阻值,要求越小越好。

(2)阻值变化特性。

电位器的阻值变化特性是指当旋转滑动片触点时,阻值随之变化的关系。常用的电位器有直线式、指数式、对数式,根据不同需要还可制成按其他函数(正弦、余弦)规律变化的电位器。

使用时,直线式电位器适用于分压器,指数式电位器适用于收音机、录音机、电视机中的音量控制器,对数式电位器适用于音调控制。

(3)分辨力。

分辨力是输出量调节的精细程度的指标。

(4)额定功率。

电位器的两个固定端上允许耗散的最大功率为电位器的额定功率。使用中应注意,额定功率不等于中心抽头与固定端的功率。额定功率系列为 0.063、0.125、0.25、0.5、0.75、1、2、3。线绕电位器功率系列有 0.5、0.75、1、1.63、5、10、16、25、40、63、100。

电位器还有滑动噪声、电位器的轴长与轴端结构等专门参数。电位器所用的材料与相应的固定电阻器相同,其他性能指标与电阻器相同,这里不再赘述。

2.2 电 容 器

2.2.1 电容器的定义、分类及特点

电容器简称为电容,常用字母"C"表示,是由两个相互靠近的导体与中间所夹一层不导电的绝缘介质构成的,这两个导体为电容器的电极,具有储存电荷、把电能转换成电场能并储存起来的能力。

电容器的种类很多,按其结构可分为固定电容器、半可变电容器(微调电容器)和可变电容器三种;按介质材料可分为有机介质、无机介质、气体介质和电解质电容;按用途可分为高频旁路、低频旁路、滤波、调谐、高频耦合和低频耦合电容。常用固定电容器种类、特点及适用场合见表2.7。

表2.7　常用固定电容器种类、特点及适用场合

按介质分类	名称型号		主要参数		主要特点	适用
			电容量	额定电压		
有机介质	纸介电容 CZ		100 pF ~ 10 μF	0.036 ~ 30 kV	结构简单、价格低、介质损耗大、稳定性不高	直流、低频电路
	金属化纸介电容器 GJ		6 500 pF ~ 30 μF		体积小、容量大,比同容量纸介电容体积小	直流或低频电路中
	有机薄膜电容器	聚丙烯电容 CBB	1 000 pF ~ 10 μF	50 ~ 2 000 V	体积小、稳定性略差	高要求电路
		涤纶电容 CL	470 pF ~ 4 μF	63 ~ 630 V	小体积、大容量、耐热、耐湿、稳定性差	稳定性和损耗要求低的低频电路
无机介质	瓷介电容器 CC		1 ~ 1 000 pF	63 ~ 500 V	体积小、质量轻、价格低、容量小	高频信号耦合
	云母电容器 CY		10 pF ~ 0.1 μF	100 V ~ 7 kV	价格较高,精度和温度特性、耐热性、寿命等较好	高频电路和高稳定电路
	玻璃釉电容器 CI		4.7 pF ~ 4 μF	63 ~ 400 V	稳定性较好、损耗小、耐高温(200 ℃)	脉冲、耦合、旁路
电解电容器	铝电解电容 CD		0.47 ~ 10 000 μF	<450 V	有极性、容量大、体积小、耐压高、损耗大、热稳定性较差	低频耦合、电源滤波
	钽电解电容 CA		0.1 ~ 1 000 μF	<450 V	体积小,比铝电解电容性能好	可代替铝电解电容

2.2.2 电容器的主要性能参数

1.标称容量值和允许误差

电容量是指电容器加上电压后,储存电荷的能力,是指一个导电极板上的电荷量与两块极板之间的电位差的比值。电容的单位为法拉(F)。通常采用微法(μF)、纳法(nF)、皮法(pF)作为电容的单位,其换算关系为 $1 \text{ F} = 10^6 \text{ μF} = 10^9 \text{nF} = 10^{12} \text{pF}$。

标称电容量是标识在电容器上的"名义"电容量,允许误差是电容器的实际电容量对于标称电容量的最大允许偏差范围。电容器标称容量值及允许偏差一般都直接标在电容器上。常用固定电容的标称容量系列见表2.8,电容器的标称容量值都应符合表2.8所列数值乘以 10^N,其中 N 为整数。

电容器允许误差及字母表示见表2.9。

表 2.8　常用固定电容的标称容量系列

电容类别	允许误差	容量范围	标称容量系列
纸介电容、金属化纸介电容、纸膜复合介质电容、低频(有极性)有机薄膜介质电容	±5%	100 pF ~ 1 μF	1.0 1.5 2.2 3.3 4.7 6.8
	±10%	1 ~ 100 μF	1 2 4 6 8 10 15 20 30 50 60 80 100
	±20%		
高频(无极性)有机薄膜介质电容、瓷介电容、玻璃釉电容、云母电容	±5%	1 pF ~ 1 μF	1.1 1.2 1.3 1.5 1.6 1.8 2.0 2.4 2.7 3.0 3.3 3.6 3.9 4.3 4.7 5.1 5.6 6.2 6.8 7.5 8.2 9.1
	±10%		1.0 1.2 1.5 1.8 2.2 2.7 3.3 3.9 4.7 5.6 6.8 8.2
	±20%		1.0 1.5 2.2 3.3 4.7 6.8
铝、钽、铌、钛电解电容	±10%	1 ~ 1 000 000 μF	1.0 1.5 2.2 3.3 4.7 6.8 (容量单位 μF)
	±20%		
	+50% ~ −20%		
	+100% ~ −10%		

表 2.9　电容器允许误差及字母表示

字母	W	B	C	D	F	G	J	K	M	N
允许误差/%	±0.05	±0.1	±0.25	±0.5	±1	±2	±5	±10	±20	±30

字母	Q		T		S		Z		R	
允许误差/%	+30 ~ −10		+50 ~ −10		+50 ~ −20		+80 ~ −20		+100 ~ −10	

2. 电容器的耐压

在规定的工作温度范围内,电容长期可靠地工作,它能承受的最大直流电压,就是电容的耐压,也称为电容的直流工作电压。如果在交流电路中,要注意所加的交流电压最大值不能超过电容的直流工作电压值。

额定电压值及电解电容的极性通常都在电容器上直接标出。普通无极性电容器的标称耐压值有:63 V、100 V、160 V、250 V、500 V、630 V、1 000 V;有极性电容的耐压值相对无极性电容的耐压值要低,一般的标称耐压值有:1.6 V、4 V、6.3 V、10 V、16 V、35 V、50 V、63 V、80 V、100 V、220 V、400 V。

3. 电容器的漏电电阻

电容器两极之间的电阻定义为电容器的漏电电阻或绝缘电阻。由于电容器两极之间的介质不是绝对的绝缘体,其阻值不可能无限大,通常在 1 000 MΩ 以上。漏电电阻越小,电容器漏电越严重,漏电会引起能量的损耗,这种损耗不仅影响电容器的寿命,同时会影响电路的正常工作,因此电容器的漏电电阻越大越好。

4. 介质损耗

理想的电容器应没有能量损耗,而实际上电容器在电场的作用下,总有一部分电能转换为热能,小功率电容器主要是介质损耗。所谓介质损耗,是指介质缓慢极化和介质电导所引起的损耗。通常用损耗功率和电容器的无功功率之比,即损耗角的正切值来表示。在同容量、同工作条件下,损耗角越大,电容器的损耗也越大。损耗角大的电容不适于高频情况下工作。

2.2.3 电容器的型号命名和标识方法

1. 电容器的型号命名

国产电容器的型号一般由四部分组成(不适用于压敏、可变、真空电容器),第一部分表示主称,用字母 C 表示电容器;第二部分表示产品材料,用字母表示;第三部分表示产品分类,一般用数字表示,个别用字母表示;第四部分表示产品序号,用数字表示。电容器的型号命名法见表2.10。

表 2.10　电容器的型号命名法

第一部分 主称		第二部分 材料		第三部分 分类特征					第四部分 序号
用字母表示		用字母表示		用数字或字母表示					用数字表示
符号	意义	符号	意义	符号	意义				意义
					瓷介	云母	有机	电解	
C	电容器	C	瓷介	1	圆片		非密封	箔式	对主称、材料相同,仅性能指标、尺寸大小有差别,但基本不影响互换使用的产品,给予同一序号;若性能指标、尺寸大小明显影响互换使用时,则在序号后面用大写字母作为区别代号
		I	玻璃釉	2	管型	非密封	非密封	箔式	
		O	玻璃膜	3	迭片	密封	密封	烧结粉液体	
		Y	云母	4	独石	密封	密封	烧结粉固体	
		V	云母纸	5	穿心		穿心		
		Z	纸介	6					
		J	金属化纸	7				无极性	
		B	聚苯乙烯	8	高压	高压	高压		
		F	聚四氟乙烯	9			特殊	特殊	
		L	涤纶	T	铁电				
		S	聚碳酸酯	W	微调				
		Q	漆膜	J	金属化				
		H	复合介质	X	小型				
		D	铝电解	S	独石				
		A	钽电解	D	低压				
		G	合金电解	M	密封				
		N	铌电解	Y	高压				
		T	钛电解	C	穿心式				
		M	压敏						
		E	其他材料						

2. 电容器的标识方法

（1）直标法。

直标法是用字母或数字将电容器有关的参数标注在电容器表面上。对于体积较大的电容器，可标注材料、标称值、单位、允许误差和额定工作电压，或只标注标称容量和额定工作电压；而对于体积较小的电容器，则只标注容量和单位，有时只标注容量不标注单位，此时规定当数字大于 1 时单位为 pF，小于 1 时单位为 μF。例如 0.22 表示 0.22 μF，51 表示 51 pF。有时在数字前冠以 R，如 R33，表示 0.33 μF。有时用大于 1 的数字表示，单位为 pF，如 2 200 则为 2 200 pF；有时用小于 1 的数字表示，单位为 μF，如 0.22 则为 0.22 μF。

没有标识单位的读法是：对于普通电容器标识数字为整数的，容量单位为 pF，标识为小数的容量单位为 μF。对于电解电容器，省略不标出的单位是 μF。

（2）三位数码表示法。

一般用三位数字来表示容量的大小，单位为 pF。前两位为有效数字，后一位表示倍率，数字是几就加几个零，但第三位数字是 9 时，则对有效数字乘以 0.1。例如 104 表示 10 000 pF，223 表示 22 000 pF，479 表示 4.7 pF。

（3）色码表示法。

色码表示法与电阻器的色环表示法类似，颜色涂在电容器的一端或从顶端向另一侧排列。前两位为有效数字，第三位为倍率，单位为 pF。有时色环较宽，如红红橙，两个红色环涂成一个宽的，表示 22 000 pF。

2.2.4 电容器的选用

1. 电容器种类的选择

不同电路应该选用不同种类的电容器。例如，在谐振电路中应选择介质损耗小的电容器，应选瓷介电容器（CC 型）、有机薄膜电容器、聚丙烯电容器（CBB）等；在高频电路和高压电路中应选择瓷介电容器、云母电容器、独石电容器、玻璃釉电容器等；隔直、耦合电路可选纸介、涤纶、电解等电容器；滤波电路一般应选用电解电容器；在电源滤波和退耦电路中应选电解电容器；低频旁路电容器应选择纸介电容器、瓷介电容器、铝电解电容器和涤纶电容器等。钽（铌）电解电容器的性能稳定可靠，但价格高，通常用于要求较高的定时、延时等电路中。

2. 电容器耐压的选择

电容器的额定电压应高于其实际工作电压的 1 倍，选用电解电容器是例外，它要求电容器的额定电压应高于其实际工作电压的 0.5～0.7 倍，这样才能充分发挥电解电容的作用。不论选用何种电容，都不得使电容耐压低于实际工作电压，否则电容将会被击穿，同时也不必过分提高耐压强度，那样会提高成本和增大体积。

当两个工作电压不同的电容器并联时，耐压值取决于低的电容器；当两个容量的电容器串联时，容量小的电容器所承受的电压高于容量大的电容器。

电容器装接前应进行测量，看其是否短路、断路或者漏电严重，并在装入电路时，应使电容器的标识易于观察,且标识顺序一致。

2.2.5　电容器检测的一般方法

1.固定电容器的检测

对于 10 pF 以下的小电容,因其固定电容器容量太小,用万用表进行测量,只能定性地检查其是否有漏电、内部短路或击穿现象。测量时,可选用万用表 R×10 k 挡,用两表笔分别任意接电容的两个引脚,阻值应为无穷大。若测出阻值(指针向右摆动)为零,则说明电容器漏电损坏或内部击穿。

对于 10 pF~0.01 μF 的固定电容器,检测是否有充电现象进而判断其好坏。万用表选用 R×1 k挡,并选用两只 β 值均为 100 以上且穿透电流小的三极管(例如 3DG6 等型号硅三极管)组成复合管,将万用表的红表笔和黑表笔分别与复合管的发射极 E 和集电极 C 相接,电容接在基极 B 和集电极 C 之间。由于复合三极管的放大作用,把被测电容的充放电过程予以放大,使万用表指针摆幅加大,从而便于观察。测较小容量的电容时,要反复调换被测电容引脚接点,才能明显地看到万用表指针的摆动。

对于 0.01 μF 以上的固定电容,可用万用表的 R×10 k 挡直接测试电容器有无充电过程以及有无内部短路或漏电,并可根据指针向右摆动的幅度大小估计出电容器的容量。

2.电解电容器的检测

使用万用表电阻挡,采用给电解电容进行正、反向充电的方法,根据指针向右摆动幅度的大小,可估测出电解电容的容量。因为电解电容的容量较一般固定电容大得多,所以测量时应针对不同容量选用合适的量程。根据经验,一般情况下,1~47 μF 间的电容,可用 R×1 k 挡测量,大于 47 μF 的电容可用 R×100 挡测量。

将万用表红表笔接负极,黑表笔接正极,在刚接触的瞬间,万用表指针即向右偏转较大偏度(对于同一电阻挡,容量越大,摆幅越大),接着逐渐向左回转,直到停在某一位置。此时的阻值便是电解电容器的正向漏电阻,此值略大于反向漏电阻。实际使用经验表明,电解电容器的漏电阻一般应在几百千欧以上,否则,将不能正常工作。在测试中,若正向、反向均无充电的现象,即表针不动,则说明容量消失或内部断路;如果所测阻值很小或为零,说明电容漏电大或已击穿损坏,不能再使用。

对于正、负极标识不明的电解电容器,可利用上述测量漏电阻的方法加以判别。即先任意测一下漏电阻,记住其大小,然后交换表笔再测出一个阻值。两次测量中阻值大的那一次便是正向接法,即黑表笔接的是正极,红表笔接的是负极。

3.可变电容器的检测

用手轻轻旋动转轴,应感觉十分平滑,不应感觉有时松时紧甚至有卡滞现象。将转轴向前、后、上、下、左、右等各个方向推动时,不应有松动的现象。用一只手旋动转轴,另一只手轻摸动片组的外缘,不应感觉有任何松脱现象。转轴与动片之间接触不良的可变电容器,不能再继续使用。

将万用表置于 R×10 k 挡,一只手将两个表笔分别接可变电容器的动片和定片的引出端,另一只手将转轴缓缓旋动几个来回,万用表指针都应在无穷大位置不动。在旋动转轴的过程中,如果指针有时指向零,说明动片和定片之间存在短路点;如果碰到某一角度,万用表读数不为无穷大而是出现一定阻值,说明可变电容器动片与定片之间存在漏电现象。

2.3 电 感 器

2.3.1 电感器的定义、功能及分类

电感器又称电感线圈、扼流器、电抗器,是将绝缘的导线在绝缘的骨架上绕一定的圈数制成的。导线彼此互相绝缘,而绝缘管可以是空心的,也可以包含铁芯或磁粉芯,简称电感。电感器是一种储能元件,它能把电能转变为磁场能,并在磁场中储存能量。电感器用符号 L 表示,其基本单位是亨利,简称为亨,用 H 表示。也可以用毫亨(mH)、微亨(μH)作为单位,它们之间的换算关系是 1 H $=10^3$ mH $=10^6 \mu$H。

电感器在电路中主要用于振荡、耦合、选频、滤波和延迟等。

电感器的种类很多,可按不同的方式分类。按结构可分为空芯电感器、磁芯电感器、铁芯电感器;按工作参数可分为固定式电感器、可变式电感器。

在电路中常用的变压器、阻流圈、偏转线圈、天线线圈、中周及延迟线等,都属电感器。

2.3.2 电感器的主要性能参数

1. 标称电感量

电感量(自感系数、自感、电感)是线圈本身固有特性,反映电感线圈存储磁场能的能力,也反映电感器通过变化电流时产生感应电动势的能力。电感量主要取决于线圈的圈数、结构及绕制方法等,与电流大小无关,是电感器最主要的参数。电感量的大小和线圈的直径、线圈的匝数、绕制方式、有无磁芯材料等有关。通常线圈的匝数越多,绕制越密,电感量就越大。

2. 品质因数

线圈中储存能量与耗损能量的比值称为品质因数(Q 值)。Q 值越高,损耗功率越小,电路效率越高,选择性越好。

3. 额定电流

额定电流是指线圈中允许通过的最大电流。若工作电流超过额定电流,则电感器会因发热使其性能参数发生改变,甚至还会因过流而烧毁。

4. 分布电容

电感线圈圈匝与圈匝之间、线圈与底座之间均存在分布电容。由于分布电容的存在,会使电感的工作频率受到限制,并使电感线圈的 Q 值下降。

5. 稳定性

电感器的稳定性是指其电感量随温度、湿度等变化的程度。

第3章 电路基础实验

3.1 实验一 元件特性的伏安测量法

3.1.1 实验目的

(1)掌握线性电阻元件、非线性电阻元件伏安特性的逐点测试法。

(2)掌握直流电工仪表和设备的使用方法。

3.1.2 实验预习要求

(1)复习有关线性电阻元件、非线性电阻元件伏安特性部分内容。

(2)预习使用万用表测量电阻的方法和规范。

(3)预习有关面包板的结构和使用方法的知识。

3.1.3 实验仪器与器件

(1)可调直流稳压电源:1台;

(2)数字万用表或指针式万用表:1块;

(3)实验线路板或面包板:1块;

(4)十进制可变电阻箱:1台;

(5)电阻100 Ω:1个;

(6)电阻510 Ω:1个;

(7)二极管1N4007:1个。

3.1.4 实验原理

任何一个二端元件的特性可用该元件上的端电压 U 与通过该元件的电流 I 之间的函数关系 $I=f(U)$ 来表示,即用 $I \sim U$ 平面上的一条曲线来表征,称为该元件的伏安特性曲线。

线性电阻器的伏安特性曲线是一条通过坐标原点的直线,如图 3.1(a)所示,该直线的斜率等于该电阻器的电阻值。

稳压二极管是一个非线性电阻元件,其正向特性与普通二极管类似,正向压降很小,一般

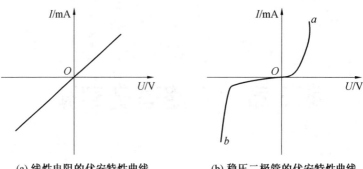

(a) 线性电阻的伏安特性曲线   (b) 稳压二极管的伏安特性曲线

图 3.1　典型器件伏安特性曲线

锗管为 $0.2 \sim 0.3$ V,硅管为 $0.5 \sim 0.7$ V。正向电流随正向压降的升高而急剧上升,如图 3.1(b)中曲线 a 所示。稳压二极管反向特性比较特别,如图 3.1(b)中曲线 b 所示。在反向电压开始增加时,其反向电流几乎为零,但当电压增加到某一数值时(称为管子的稳压值),电流将突然增加,以后它的端电压将维持恒定,不再随外加的反向电压升高而增大。

3.1.5　实验内容

1. 测量线性电阻元件的伏安特性

按图 3.2 接线,电阻 R_1 的标称值为 100 Ω,R_2 的标称值为 510 Ω,调节稳压电源的输出电压在 $0 \sim 10$ V 之间变化,测量 U_S、I 和 U_{R2},填入表 3.1 中。

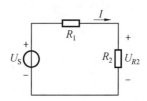

图 3.2　测量线性电阻伏安特性电路图

表 3.1　实验数据记录

U_S/V						
U_{R2}/V						
I/mA						
R_1/Ω(实际值)						
R_2/Ω(实际值)						

然后关闭电源拆掉电路,用万用表电阻挡测量电阻 R_1 和 R_2 的实际值,填入表 3.1 中。

2. 测量稳压二极管的伏安特性

(1)正向特性实验。

首先用数字万用表判断稳压二极管 D 的极性,然后按图 3.3 所示接线。测二极管的正向特性时,其正向电流不得超过 25 mA。

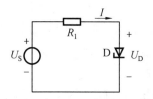

图 3.3　测量二极管伏安特性接线方法

实验时,限流电阻 R_1 的标称值取为 510 Ω,稳压电源的输出电压从 0 缓慢调到 3 V,使二极管 D 的正向压降在 0~0.8 V 之间变化,特别是在 0.5~0.8 V 之间应该多取几个测量点,填入表 3.2 中。用万用表电阻挡测量电阻 R_1,填入表 3.2 中。

(2)反向特性实验。

将图 3.3 中的稳压二极管 D 反接,稳压电源的输出电压从 0 缓慢调到 15 V,填入表 3.3中。

表 3.2　正向特性实验数据

U_S/V							
U_D/V							
I/mA							
R_1/Ω(实际值)							

表 3.3　反向特性实验数据

U_S/V					
U_D/V					
I/mA					

3.1.6　实验注意事项

(1)进行实验时,应先估算电压和电流值,合理选择仪表的量程,勿使仪表超量程,仪表的极性也不可接错。

(2)电路电流经计算得出,不进行测量。测量电压时将万用表与被测元件并联。

(3)换接线路时,要先关闭电源。

3.1.7　实验思考题

(1)线性电阻与非线性电阻有何区别? 电阻元件与稳压二极管伏安特性有何区别?

(2)设某器件伏安特性曲线的函数式为 $I=f(U)$,试问在逐点绘制曲线时,其坐标变量应如何放置?

3.1.8 实验报告要求

(1)根据各实验结果数据,分别在坐标纸上绘制出光滑的伏安特性曲线。

(2)根据所测数据求出 R_2,并与 R_2 实际测量值进行比较,分析误差。

3.2 实验二 实际电压源与实际电流源的等效变换

3.2.1 实验目的

(1)研究实际独立电源的外特性。

(2)理解加深电压源、电流源的概念。

(3)掌握电源外特性的测试方法。

3.2.2 实验预习要求

(1)复习有关理想电压源和理想电流源部分内容。

(2)复习有关实际电压源和实际电流源部分内容,定性分析实际电压源和实际电流源的等效电路及输出端的伏安特性曲线。

(3)预习使用万用表测量直流电压和直流电流的方法和规范。

3.2.3 实验仪器与器件

(1)可调直流稳压电源:1 台;

(2)数字万用表或指针式万用表:1 块;

(3)实验线路板或面包板:1 块;

(4)十进制可变电阻箱:1 台;

(5)电阻 100 Ω:1 个。

3.2.4 实验原理

1.理想电压源的端电压 $u_S(t)$

理想电压源的端电压 $u_S(t)$ 只是时间的函数,与流过电压源的电流大小无关,也就是理想电压源的内阻为零。如果理想电压源的端电压 $u_S(t)$ 为常数,不随时间变化,则称该电压源为直流电压源或恒压电源 U_S,其伏安特性曲线如图 3.4 中曲线 a 所示。

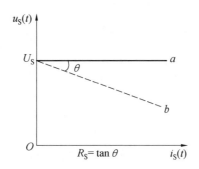

图 3.4　直流电压源伏安特性曲线

实际电源具有内阻,可用一个理想电压源 U_S 和电阻 R_S 相串联的电路模型来表示,如图3.5所示,其伏安特性曲线如图 3.4 中曲线 b 所示。图 3.4 中角 θ 的正切的绝对值代表实际电源的内阻值 R_S,显然,角 θ 越小,R_S 越小,实际电压源越接近于理想电压源。

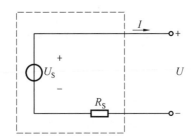

图 3.5　直流电压源电路模型

2. 理想电流源向负载提供的电流 $i_S(t)$

理想电流源向负载提供的电流 $i_S(t)$ 是时间的函数,与电源的端电压大小无关,也就是理想电流源的内阻为无穷大。如果理想电流源输出的电流 $i_S(t)$ 为常数,不随时间变化,则该电流源称为直流电流源或恒流电源 I_S,其伏安特性曲线如图 3.6 中曲线 a 所示。

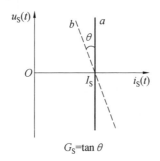

图 3.6　直流电流源伏安特性曲线图

实际电流源的内阻是有限值,并不是无穷大,可以用一个电流源 I_S 和 G_S 电导相并联的电路模型来表示,如图 3.7 所示。其伏安特性曲线如图 3.6 中曲线 b 所示。图 3.6 中角 θ 的正切的绝对值代表实际电源内部的等效电导值 G_S。显然,角 θ 越小,G_S 越小,实际电流源越接近于理想电流源。

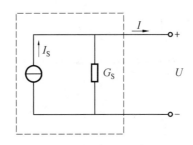

图 3.7　直流电流源电路模型

3. 实际电源的等效变换

根据实际电源的外部特性,可以将其视为实际电压源或实际电流源。对于同一个电源,如图 3.5 和图 3.7 所示的电源电路是等效的,即具有相同的外特性,其中

$$I_S = U_S/R_S$$

$$U_S = R_S I_S$$

注意　理想电压源与理想电流源之间不能进行等效变换。

3.2.5　实验内容

1. 测量实际电压源的伏安特性

按图 3.8 所示接线,调整直流稳压电源的电压 $U_S = 5$ V,电阻 R_S 标称值取为 100 Ω 作为电源内阻的一部分,测量 R_S 的实际阻值,并记录。

在空载和 30～200 Ω 范围内改变负载 R_L 的阻值,测量负载 R_L 的实际值和电流 I,完成表 3.4。

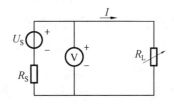

图 3.8　测量实际电压源伏安特性电路

2. 测量实际电流源的伏安特性和电源等效变换条件

按图 3.9 所示接线,直流电流源取为 50 mA,电阻 R_S 标称值取为 100 Ω,与图 3.8 电路中 R_S 是同一个电阻。

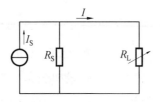

图 3.9　测量电流源伏安特性电路

首先在空载情况下(负载 $R_L \rightarrow \infty$),调节实际电压源输出 U_S 等于实际电流源空载输出电压。然后在空载和 30~200 Ω 范围内改变负载 R_L 的阻值,测量负载 R_L 的实际值和其两端电压值 U_{RL} 及电流 I,完成表 3.5,使其与表 3.4 的数据一致。如果不一致,需调整 R_S 的阻值,直到表 3.5 与表 3.4 的数据一致。计算 U_S 和 R_S,验证等效变换条件的正确性。

表 3.4　实验数据记录表

R_L/Ω								∞
U_{RL}/V								
I/mA								
计算 R_S/Ω								
R_S/Ω(实际值)								

表 3.5　实验数据记录表

R_L/Ω								∞
U_{RL}/V								
I/mA								
计算 R_S/Ω								
R_S/Ω(实际值)								

3.2.6　实验注意事项

(1)进行实验时,应先估算电压和电流值,合理选择仪表的量程,勿使仪表超量程,仪表的极性也不可接错。

(2)电路电流经计算得出,不进行测量。测量电压时将万用表与被测元件并联。

(3)换接线路时,要先关闭电源。

3.2.7　实验思考题

(1)直流稳压电源的输出端为什么不允许短路?

(2)直流恒流源的输出端为什么不允许开路?

3.2.8　实验报告要求

(1)根据各实验结果数据,分别在坐标纸上绘制出光滑的伏安特性曲线。

(2)根据实验内容(1)所测数据,求出实际电压源的内阻并进行误差分析。

(3)根据实验结果,验证电源等效变换的条件,并分析误差产生的原因。

3.3 实验三 基尔霍夫定律实验

3.3.1 实验目的

(1)验证基尔霍夫定律的正确性,加深对基尔霍夫定律的理解。

(2)加深对电流和电压参考方向的理解。

3.3.2 实验预习要求

(1)复习基尔霍夫电压定律和基尔霍夫电流定律。

(2)复习电压参考方向与电压实际方向的关系。

(3)复习电流参考方向与电流实际方向的关系。

(4)什么是电压和电流的关联参考方向?

3.3.3 实验仪器与器件

(1)可调直流稳压电源:1 台;

(2)数字万用表或指针式万用表:1 块;

(3)实验线路板或面包板:1 块;

(4)电阻 330 Ω:1 个;

(5)电阻 510 Ω:3 个;

(6)电阻 1 kΩ:1 个。

3.3.4 实验原理

基尔霍夫定律阐明了电路整体必须遵守的规律,包括电流定律和电压定律,在电路理论中占有非常重要的地位。

1.基尔霍夫电流定律(简称 KCL)

对于任一集总电路中的任一节点,在任一时刻,流入(或流出)该节点的所有支路电流的代数和恒等于零。此处,电流的"代数和"是根据电流的参考方向判断电流是流出节点还是流入节点,流出节点的电流前面取"+"号,流入节点的电流前面取"−"号,所以对任一节点有

$$\sum i = 0 \qquad\qquad (3.1)$$

式(3.1)取和是对连接于该点的所有支路电流进行的。

2.基尔霍夫电压定律(简称 KVL)

对于任一集总电路中的任一回路,在任一时刻,沿着该回路的所有支路电压降的代数和恒等于零。所以沿任一回路有

$$\sum u = 0 \qquad\qquad (3.2)$$

式(3.2)取和时,需要任意指定一个回路的绕行方向,凡支路电压的参考方向与回路的绕行方向一致者,该电压前面取"+"号;支路电压参考方向与回路绕行方向相反,前面取"−"号。

KCL 在支路电流之间施加线性约束关系;KVL 则对支路电压施加线性约束关系。这两个定律仅与元件的相互连接有关,而与元件的性质无关。不论元件是线性的还是非线性的,时变的还是时不变的,KCL 和 KVL 总是成立的。

对一个电路应用 KCL 和 KVL 时,应对各节点和支路编号,并指定有关回路的绕行方向,同时指定各支路电流和支路电压的参考方向,一般两者取关联参考方向。

3.3.5 实验内容

(1)实验线路如图 3.10 所示。接线前首先测量各电阻的实际值,并记录于表 3.6 中。

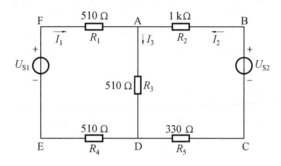

图 3.10 基尔霍夫定律实验电路图

(2)按图 3.10 接线,实验前先任意设定三条支路的电流参考方向,如图中的 I_1、I_2、I_3,并熟悉线路结构。

(3)分别将两路直流稳压源接入电路,令 $U_{S1} = 10$ V,$U_{S2} = 5$ V。

(4)测量两路电源及各电阻元件的电压值,将数据记录在表 3.7 中。

(5)测量电流 I_1、I_2、I_3,将数据记录在表 3.7 中。

表 3.6 实验数据

被测量	R_1/Ω	R_2/Ω	R_3/Ω	R_4/Ω	R_5/Ω
标称值					
测量值					
相对误差/%					

表 3.7 实验数据

被测量	U_{EF}/V	U_{CB}/V	U_{FA}/V	U_{AB}/V	U_{AD}/V	U_{CD}/V	U_{DE}/V	I_1/mA	I_2/mA	I_3/mA
计算值										
测量值										
相对误差/%										

3.3.6　实验注意事项

(1)防止电源两端碰线短路。

(2)若用指针式万用表进行测量时,要注意表笔的"+""−"极性。如果表头指针反偏,此时必须调换电流表极性,重新测量,此时指针可正偏,但读得的电流值必须冠以"−"号。

(3)测量各支路电压时,应该注意仪表的极性,及数据表中"+""−"号的记录。

(4)注意仪表量程的及时更换。

3.3.7　实验思考题

(1)根据图3.10所示的电路参数,计算出待测的电流 I_1、I_2、I_3 和各电阻上的电压值,记入表3.7中,以便实验测量时可正确地选定电压表的量程。

(2)实验中,若有一个电阻器改为非线性元件,试问基尔霍夫定律成立吗?为什么?

3.3.8　实验报告要求

(1)根据实验数据,选定实验电路中的任一个节点,验证KCL的正确性。

(2)根据实验数据,选定实验电路中的任一个回路,验证KVL的正确性。

(3)分析产生误差的原因。

3.4　实验四　叠加定理实验

3.4.1　实验目的

(1)验证叠加定理的正确性,加深对叠加定理的理解。

(2)加深对电流和电压参考方向的理解。

3.4.2　实验预习要求

(1)复习有关叠加定理和叠加定理适用范围部分的内容。

(2)复习有关电压参考方向、电流参考方向和关联参考方向的内容。

3.4.3　实验仪器与器件

(1)可调直流稳压电源:1台;

(2)数字万用表或指针式万用表:1块;

(3)实验线路板或面包板:1块;

(4)电阻330 Ω:1个;

(5)电阻510 Ω:3个;

（6）电阻 1 kΩ:1 个;

（7）二极管 1N4007:1 个。

3.4.4　实验原理

叠加定理可表述为:线性电路中,任一电压或电流都是电路中各个独立电源单独作用时,在该处产生的电压或电流的叠加。

叠加定理在线性电路的分析中起着重要的作用,是分析线性电路的基础。线性电路中很多定理都与叠加定理有关。直接应用叠加定理计算和分析电路时,可将电源分成几组,按组计算以后再叠加,有时可简化计算。

如图 3.11(a)所示,电路中有两个独立电源(激励),现在要求解电路中电流 i_2 和电压 u_1。根据 KCL 和 KVL 可以列出方程

$$u_S = R_1(i_2 - i_S) + R_2 i_2$$

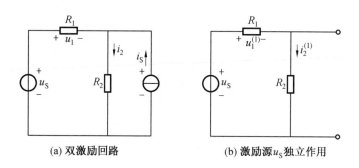

(a) 双激励回路　　　　　　　(b) 激励源 u_S 独立作用

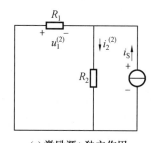

(c) 激励源 i_S 独立作用

图 3.11　激励源电路图

解得 i_2,再求得 u_1,于是有

$$\begin{cases} i_2 = \dfrac{1}{R_1+R_2}u_S + \dfrac{R_2}{R_1+R_2}i_S \\[3mm] u_1 = \dfrac{R_1}{R_1+R_2}u_S - \dfrac{R_1 R_2}{R_1+R_2}i_S \end{cases} \tag{3.3}$$

从式(3.3)可以看出,i_2 和 u_1 分别是 u_S 和 i_S 的线性组合。将其改写为

$$\begin{cases} i_2 = i_2^{(1)} + i_2^{(2)} \\ u_1 = u_1^{(1)} + u_1^{(2)} \end{cases} \tag{3.4}$$

其中

$$\begin{cases} i_2^{(1)} = i_2 \mid_{i_S = 0} \\ u_1^{(1)} = u_1 \mid_{i_S = 0} \\ i_2^{(2)} = i_2 \mid_{u_S = 0} \\ u_1^{(2)} = u_1 \mid_{u_S = 0} \end{cases}$$

即 $i_2^{(1)}$ 和 $u_1^{(1)}$ 为原电路中将电流源 i_S 置零时的响应，也即是激励 u_S 单独作用时产生的响应；$i_2^{(2)}$ 和 $u_1^{(2)}$ 为原电路中将电压源 u_S 置零时的响应，也即是激励 i_S 单独作用时产生的响应。

电流源置零时相当于开路；电压源置零时相当于短路。故激励 u_S 与 i_S 分别单独作用时电路如图 3.11(b) 和图 3.11(c) 所示，称为 u_S 和 i_S 分别作用时的分电路。从分电路图 3.11(b) 可求得

$$\begin{cases} i_2^{(1)} = \dfrac{1}{R_1 + R_2} u_S \\ u_2^{(1)} = \dfrac{R_1}{R_1 + R_2} u_S \end{cases} \tag{3.5}$$

而从分电路图 3.11(c) 可求得

$$\begin{cases} i_2^{(2)} = \dfrac{R_1}{R_1 + R_2} i_S \\ u_2^{(2)} = \dfrac{R_1 R_2}{R_1 + R_2} i_S \end{cases} \tag{3.6}$$

与式(3.3)和式(3.4)一致。

当电路中存在受控源时，叠加定理仍然适用。受控源的作用反映在回路电流或节点电压方程中的自阻或自导和互导中，所以求某一处的电流或电压仍可按照各独立电源作用时在该处产生的电流或电压的叠加计算，以及对含有受控源的电路应用叠加定理，在进行各分电路计算时，仍应把受控源保留在各分电路之中。

使用叠加定理时应注意以下几点：

(1)叠加定理适用于线性电路，不适用于非线性电路。

(2)在叠加的各分电路中，不作用的电压源置零，在电压源处用短路代替；不作用的电流源置零，在电流源处用开路代替。电路中所有电阻不变，受控源则保留在各分电路中。

(3)叠加时各分电路中的电压和电流的参考方向可以取为与原电路中的相同。取和时，应注意各分量前的"＋""－"号。

(4)原电路的功率不等于按各分电路计算所得功率的叠加，这是因为功率是电压和电流的乘积。

线性电路的齐次性是指当激励信号(某独立源的值)增加 K 倍或减少到原来的 $1/K$ 时,电路的响应(即在电路中各电阻元件上所得到的电流和电压值)也增加 K 倍或减少到原来的 $1/K$。

3.4.5 实验内容

(1)接线前首先测量各电阻的实际值,并记入表 3.8 中。

表 3.8 实验数据

被测量	R_1/Ω	R_2/Ω	R_3/Ω	R_4/Ω	R_5/Ω
标称值					
测量值					
相对误差/%					

(2)按照图 3.12 所示实验线路接线,U_{S1} 和 U_{S2} 为稳压电源。取 $U_{S1} = +10$ V,$U_{S2} = +5$ V。

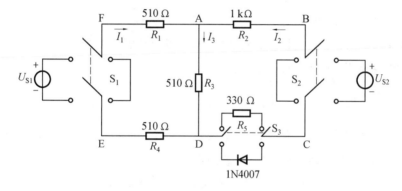

图 3.12 叠加定理实验电路图

(3)令 U_{S1} 电源单独作用时(将开关 S_1 投向 U_{S1} 侧,开关 S_2 投向短路侧),测量各电阻元件两端的电压及各支路电流,将数据记录在表 3.9 中。

(4)令 U_{S2} 电源单独作用时(将开关 S_1 投向短路侧,开关 S_2 投向 U_{S2} 侧),重复实验步骤(3)的测量和记录。

(5)令 U_{S1} 和 U_{S2} 共同作用时(开关 S_1 和 S_2 分别投向 U_{S1} 和 U_{S2} 侧),重复上述的测量和记录。

表 3.9 实验数据

测量项目 / 实验内容	U_{EF}/V	U_{CB}/V	U_{AB}/V	U_{CD}/V	U_{AD}/V	U_{DE}/V	U_{FA}/V	I_1/mA	I_2/mA	I_3/mA
U_{S1} 单独作用										
U_{S2} 单独作用										
U_{S1}、U_{S2} 共同作用										
$2U_{S2}$ 单独作用										

（6）将 U_{S2} 电源数值调至 10 V,重复实验步骤（3）的测量并记录。

（7）将 R_5 换成一只二极管 1N4007（即将开关 S_3 投向二极管侧），重复实验步骤（1）、（2）的测量过程,将数据记录在表 3.10 中。

表 3.10　实验数据

测量项目 实验内容	U_{EF}/V	U_{CB}/V	U_{AB}/V	U_{CD}/V	U_{AD}/V	U_{DE}/V	U_{FA}/V	I_1/mA	I_2/mA	I_3/mA
U_{S1} 单独作用										
U_{S2} 单独作用										
U_{S1}、U_{S2} 共同作用										
$2U_{S2}$ 单独作用										

3.4.6　实验注意事项

（1）防止电源两端碰线短路。

（2）测量各支路电压时,应该注意仪表的极性,以及数据表中"+""−"号的记录。

（3）注意仪表量程的及时更换。

3.4.7　实验思考题

（1）根据图 3.12 所示的电路参数,计算出待测的电流 I_1、I_2、I_3 和各电阻上的电压值,记入表中,以便实验测量时可正确地选定电压表的量程。

（2）实验中,若有一个电阻器改为非线性元件,试问还适用叠加定理吗？ 为什么？

（3）叠加定理中 U_{S1}、U_{S2} 分别单独作用,在实验中应如何操作？ 可否直接将不作用的电源（U_{S1} 或 U_{S2}）置零（短接）？

3.4.8　实验报告要求

（1）根据实验数据表,进行分析、比较、归纳。总结实验结论,验证线性电路的叠加性和齐次性。

（2）各电阻器所消耗的功率能否用叠加定理计算得出？ 试用上述实验数据,进行计算并得出结论。

（3）分析产生误差的原因。

3.5　实验五　受控源特性测试

3.5.1　实验目的

（1）熟悉四种受控电源的基本特性,加深对受控源概念的理解。

(2)掌握受控源转移特性的测试方法。

3.5.2　实验预习要求

(1)复习有关受控源部分的内容。

(2)复习独立电源和受控源的区别。

(3)复习受控源分类。

(4)复习受控源转移函数参量的含义。

3.5.3　实验仪器与器件

(1)可调直流稳压电源:1 台;

(2)数字万用表或指针式万用表:1 块;

(3)十进制可变电阻箱:1 台;

(4)实验线路板或面包板:1 块;

(5)电阻 1 kΩ:2 个;

(6)电阻 510 Ω:2 个。

3.5.4　实验原理

电源可分为独立电源和受控源(或称非独立电源)两种,受控源在网络分析中已经成为经常遇到的电路元件。

(1)受控源与独立电源的不同点在于:独立电源的电动势或电流是某一固定数值或某一时间函数,不随电路其他部分的状态而改变,理想独立电压源的电压不随其输出电流而改变,理想独立电流源的输出电流与其端电压无关,独立电源作为电路的输入,为电路提供电能,它代表了外界对电路的作用。

受控电源的电动势或电流则受到同一网络中其他某个电气量(电压或电流)的控制,体现出变量之间的控制作用,并不能提供电能。

(2)受控源与无源元件的不同点在于:无源元件的电压和它自身的电流有一定的函数关系,而受控源的电压或电流则和控制电压或电流有某种函数关系。

(3)当受控源的电压(或电流)与控制元件的电压(或电流)成正比时,该受控源是线性的。

理想受控源是一个二端口电路网络,一个为控制端口,另一个为受控端口。施加于控制端口的控制量可以是电压或电流,控制端口只有一个独立变量(电压或电流)起控制作用。当控制端口电流 I 作为控制量时,理想受控源控制端口的等效输入电阻 $R=0$,相当于控制端口的两个引出端间短路;当控制端口电压 U 作为控制量时,理想受控源控制端口的等效输入电导 $g=0$,相当于控制端口的两个引出端间开路。

从受控端口看,理想受控源是理想的电压源或理想的电流源,受控端口的电流或电压受到控制端电流或电压的控制。因为控制端口的控制量和受控端口的被控量均可以是电压或电流,因此,有四种受控源:电压控制电压源 VCVS、电流控制电压源 CCVS、电压控制电流源 VCCS 和电流控制电流源 CCCS。

受控源的控制变量和受控变量的关系式称为转移函数,四种受控源的转移函数参量分别用 μ、g、γ、α 表示。

1. 电压控制电压源(VCVS)

图 3.13 所示为运算放大器组成的 VCVS 电路,根据运算放大器的特性可得

$$U_2 = (1 + R_1/R_2)U_1 = \mu U_1 \tag{3.7}$$

式中,$\mu = 1 + R_1/R_2$,称为转移电压比或电压放大系数。

显然,输出电压 U_2 受输入电压 U_1 的控制,其理想电路模型可表示为图 3.13(b),它实际是一个同相比例放大器。

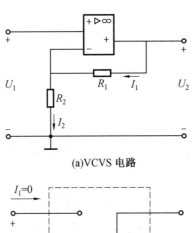

(a)VCVS 电路

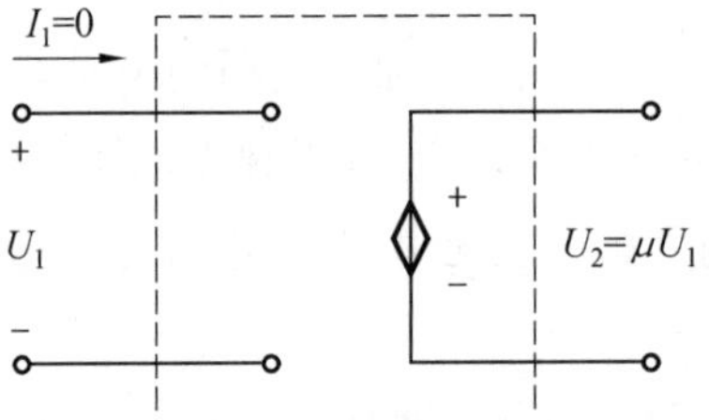

(b)VCVS 理想电路模型

图 3.13　VCVS 电路及理想电路模型

2. 电压控制电流源(VCCS)

图 3.14(a)所示为运算放大器组成的 VCCS 电路,根据运算放大器的特性可得

$$I_S = I_2 = U_1/R_2 = gU_1 \tag{3.8}$$

式中,$g = 1/R_2$,具有电导的量纲,称为转移电导。

可见,输出电流 I_S 受输入电压 U_1 的控制,与负载电阻 R_L 无关,其理想电路模型可用图 3.14(b)表示。

3. 电流控制电压源(CCVS)

图 3.15(a)所示为运算放大器组成的 CCVS 电路,根据运算放大器的特性可得

$$U_2 = -I_1 R = \gamma I_1 \tag{3.9}$$

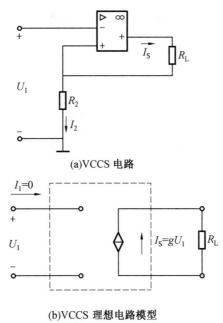

(a)VCCS 电路

(b)VCCS 理想电路模型

图 3.14 VCCS 电路及理想电路模型

式中,$\gamma = -R$,具有电阻的量纲,称为转移电阻。

可见,输出电压 U_2 受输入电流 I_1 的控制,其理想电路模型可用图 3.15(b)表示。

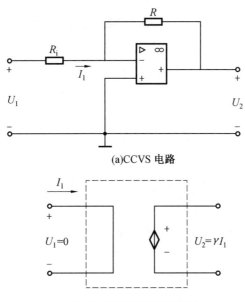

(a)CCVS 电路

(b)CCVS 电路理想电路模型

图 3.15 CCVS 电路及理想电路模型

4. 电流控制电流源(CCCS)

图 3.16(a)所示为运算放大器组成的 CCCS 电路,根据运算放大器的特性可得

$$I_S = I_1 + I_1 R_2 / R_3 = (1 + R_2 / R_3) I_1 = \alpha I_1 \qquad (3.10)$$

即 I_S 只受输入电流 I_1 的控制，$\alpha = 1 + R_2 / R_3$ 称为转移电流比或电流放大系数，其理想电路模型可表示为图 3.16(b)。

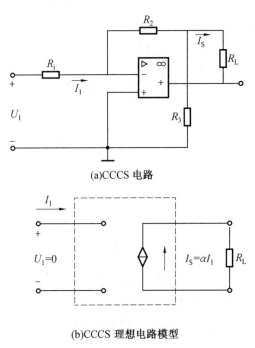

(a)CCCS 电路

(b)CCCS 理想电路模型

图 3.16　CCCS 电路及理想电路模型

3.5.5　实验内容

1. 测试电压控制电压源和电压控制电流源的特性

实验线路如图 3.13(或图 3.14)所示，注意到将图 3.13 所示的电压控制电压源 VCVS 电路中的 R_1 视为负载 R_L，就是图 3.14 电压控制电流源 VCCS 电路。取 R_1 和 R_2 的标称值为 1 kΩ，在接线前要测量电阻 R_1 和 R_2 的实际值。

(1)电路接好后，先不要给激励源 U_1，将运算放大器"+"端对地短路，即 $U_1 = 0$。电源工作正常时，应有 $U_2 = 0$ 和 $I_S = 0$。

(2)接入激励源 U_1，U_1 在 0.5 ~ 2.5 V 范围内分别取 5 个值，操作时每次都要测定 U_1 的实际值填入表 3.11，测量 U_2 及 I_S 值并逐一记录在表 3.11 中。

(3)保持 U_1 为 1.5 V，而在 1 ~ 5 kΩ 范围内改变 R_1 的阻值，分别测量 U_2 及 I_S 值并逐一记录在表 3.12 中。

(4)核算表 3.11 和表 3.12 中的 μ 和 g 值，分析受控源特性。

2. 测试电流控制电压源特性

(1)实验电路如图 3.15 所示，输入电流 I_1 由电压源 U_1 和电阻 R_i 提供。取 $U_1 = 1.5$ V，$R = 500$ Ω，在 1 ~ 5 kΩ 范围内调节 R_i 使 I_1 为不同值，测量相应的 U_2 和 I_1，计算 γ，填入表 3.13。

表 3.11　实验数据

给定值		U_1/V					
VCVS	测量值	U_2/V					
	计算值	μ	/				
VCCS	测量值	I_S/mA					
	计算值	g/S	/				

表 3.12　实验数据

给定值		$R_1/k\Omega$					
VCVS	测量值	U_2/V					
	计算值	μ	/				
VCCS	测量值	I_S/mA					
	计算值	g/S	/				

表 3.13　实验数据

给定值	$R_i/k\Omega$					
测量值	I_1/mA					
	U_2/V					
计算值	γ/Ω					

（2）不改变电压源 U_1 的值，改变 R 电阻为 1 kΩ，在 1～5 kΩ 范围内调节 R_i 使 I_1 为不同值，测量相应的 U_2 和 I_1，计算 γ，测量数据记录在表 3.14 中。

（3）核算表 3.13 和表 3.14 中的 γ 值，分析受控源特性。

表 3.14　实验数据

给定值	$R_i/k\Omega$					
测量值	I_1/mA					
	U_2/V					
计算值	γ/Ω					

3. 测试电流控制电流源特性

（1）实验电路如图 3.16 所示，输入电流由电压源 U_1 和电阻 R_i 提供。取 $U_1=1.5$ V，$R_3=R_2=510$ Ω，在 1～5 kΩ 范围内调节 R_i 使 I_1 为不同值，测量相应的 I_S，计算电流放大倍数 α，将测量数据记录在表 3.15 中。

（2）不改变电压源 U_1 和电阻 R_3 的值，改变电阻 $R_2=1$ kΩ，在 1～5 kΩ 范围内调节 R_i 使 I_1

为不同值,测量相应的 I_S,计算 α,将测量数据记录在表 3.16 中。

（3）核算表 3.15 和表 3.16 中的 α 值,分析受控源特性。

表 3.15　实验数据

给定值	$R_i/k\Omega$				
测量值	I_1/mA				
	I_S/mA				
计算值	α				

表 3.16　实验数据

给定值	$R_i/k\Omega$				
测量值	I_1/mA				
	I_S/mA				
计算值	α				

3.5.6　实验注意事项

（1）实验电路确认无误后方可接通电源,每次在运算放大器外部换接电路元件时,必须先断开电源。

（2）为使受控源正常工作,运算放大器输出端不能与地短路。

（3）运算放大器应由直流电源（±12 V 或±15 V）供电,其正负极性和管脚不能接错。

3.5.7　实验思考题

（1）比较受控源与独立电源、受控源与无源元件有何异同点?

（2）四种受控源中的 μ、g、γ、α 的含义各是什么,如何测得?

（3）受控源的控制特性是否适用于交流信号?

（4）受控源的输出特性是否适合交流信号?

3.5.8　实验报告要求

（1）根据实验数据,分别绘出四种受控源的转移特性和外特性曲线,并求出相应的转移参量。

（2）整理各组实验数据,并从原理上加以讨论和说明。

（3）根据所测数据中受控源系数,与理论值进行比较,分析产生误差的原因。

3.6　实验六　戴维宁定理实验

3.6.1　实验目的

(1)验证戴维宁定理的正确性,加深对该定理的理解。
(2)掌握测量有源二端网络等效参数的一般方法。

3.6.2　实验预习要求

(1)复习戴维宁定理的有关内容。
(2)复习有关二端网络参数及其意义。
(3)复习戴维宁定理和诺顿定理的联系和区别。

3.6.3　实验仪器与器件

(1)可调直流稳压电源:1 台;
(2)数字万用表或指针式万用表:1 块;
(3)十进制可变电阻箱:1 台;
(4)实验线路板或面包板:1 块;
(5)电阻 1 kΩ:1 个;
(6)电阻 4.7 kΩ:1 个;
(7)电阻 510 Ω:1 个;
(8)电阻 330 Ω:2 个;
(9)电阻 10 Ω:1 个。

3.6.4　实验原理

(1)戴维宁定理指出:任何一个有源线性网络,总可以用一个理想电压源与电阻串联的电路模型来代替。所以任何一个有源线性网络,如果仅研究其中一条支路的电压和电流,则可将电路的其余部分看作一个有源二端网络(或称为有源一端口网络)。

如图 3.17 所示,此电压源的电压 U_{es} 等于这个有源二端网络的开路电压 U_{oc},电压源内阻 R_0 等于该网络上所有独立源均除去(理想电压源视为短接,理想电流源视为开路)后,在端口处得到的等效电阻 R_{eq}。U_{oc} 和 R_{eq} 称为有源二端网络的等效参数。

(2)应用戴维宁定理时只适用于线性二端网络,可以包含独立电源或受控电源,但是与外部电路之间除直接相联系外,不允许存在任何耦合,例如通过受控电源的耦合或者磁的耦合(互感耦合)等。外部电路可以是线性、非线性或时变元件,也可以是由它们组成的网络。

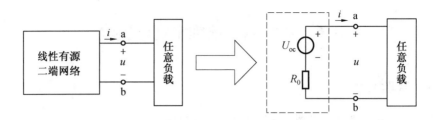

图 3.17　戴维宁定理的示意图

（3）测定线性有源一端口网络等效参数的方法。

①开路电压、短路电流法（方法一）：使用万用表直接测量二端网络输出端的开路电压 U_{oc}，然后将其输出端短路，用电流表测量其短路电流 I_{sc}，则等效电阻为

$$R_{eq} = U_{oc}/I_{sc} \qquad (3.11)$$

这种方法适用于端口的等效内阻 R_{eq} 较大，且其短路电流不超过额定电流的情况，否则有损坏电源、烧毁仪表的危险。

②伏安法（方法二）：如果线性网络不允许 a、b 端之间开路或短路，可以通过测量线性二端网络的外特性，即在被测网络端口接一可变电阻 R_L，改变 R_L 值两次，分别测量 R_L 两端的电压 U 和流过 R_L 的电流 I 后，则可列出方程组

$$\begin{cases} U_{oc} - R_{eq}I_1 = U_1 \\ U_{oc} - R_{eq}I_2 = U_2 \end{cases} \qquad (3.12)$$

求解方程组（3.12）得到

$$\begin{cases} U_{oc} = \dfrac{U_1 I_2 - U_2 I_1}{I_2 - I_1} \\[2mm] R_{eq} = \dfrac{U_1 - U_2}{I_2 - I_1} \end{cases} \qquad (3.13)$$

③半电压法（方法三）：先用数字万用表测量出有源二端线性网络的开路电压 U_{oc}，然后在其两端接一个可变负载电阻 R_L，调节电阻 R_L 大小，使负载两端的电压为被测网络的开路电压的一半时，负载电阻值即为被测有源二端网络的等效电阻值 R_{eq}。

④零示法（方法四）：当有源二端线性网络的等效内阻 R_{eq} 较高时，在用万用表直接测量其开路电压时，由于其内阻的影响，会给测量造成较大的误差。为了消除万用表内阻的影响，往往采用零示法，如图 3.18 所示。

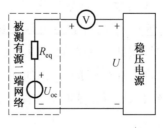

图 3.18　零示法图

零示法是用一个低内阻的稳压电源与被测有源二端网络进行比较,当稳压电源的输出电压与含源二端网络的开路电压相等时,万用表的读数将为"0",然后将电路断开,用万用表测量此时稳压电源的输出电压,即为被测有源二端网络的开路电压。

3.6.5　实验内容

1. 测定戴维宁等效电路的开路电压和等效内阻

被测有源二端电路网络如图 3.19(a)或图 3.20(a)所示,分别采用开路电压和短路电流法、伏安法、半电压法、零示法测量有源二端网络的开路电压和等效电阻,将测量结果记录在表 3.17 中。

2. 负载实验

如图 3.19(a)或图 3.20(a)所示,在 $100\ \Omega \sim 1\ k\Omega$ 范围内改变 R_L 阻值,测量有源二端网络的外特性,完成表 3.18。

3. 验证戴维宁定理

用一个可变电阻箱,将其阻值调整到等于按实验内容 1 所得的等效电阻 R_{eq} 之值,然后令其与直流稳压电源(调到实验内容 1 时所测得的开路电压 U_{oc} 之值)相串联,如图 3.19(b)或图 3.20(b)所示,仿照实验内容 2 测其外特性,完成表 3.19,对戴维宁定理进行验证。

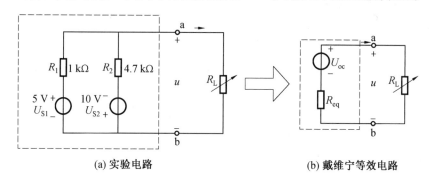

图 3.19　戴维宁定理实验原理图 1

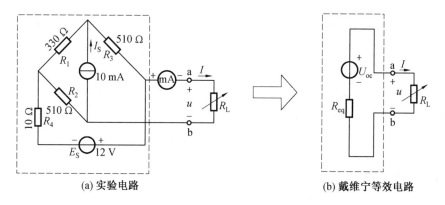

图 3.20　戴维宁定理实验原理图 2

表 3.17　开路电压和等效电阻的测量

	方法一	方法二	方法三	方法四
开路电压 U_{oc}/V				
等效电阻 R_{eq}/Ω				

表 3.18　实验数据

R_L/Ω								∞
U_L/V								
I/mA								

表 3.19　实验数据

R_L/Ω								∞
U_L/V								
I/mA								

3.6.6　实验注意事项

(1)在测量电流时,要注意提前更换电流表的量程。

(2)电压源置零时不可将直流稳压电源直接短路。应先拿掉电压源,原电压源所在的两端用一根导线短接。

(3)用万用表直接测 R_{eq} 网络内的独立源必须先置零,以免损坏万用表,其次,欧姆挡必须经调零后再进行测量。

(4)改接线路时,要关掉电源。

3.6.7　实验思考题

(1)在求戴维宁等效电路时,做短路实验,测 I_{sc} 在本实验中可否直接做负载短路实验?

(2)实验前请对实验线路预先做好计算,以便调整实验线路及测量时可准确地选取电表的量程。

(3)说明测有源二端网络开路电压及等效内阻的几种方法,并比较其优缺点。

(4)能否直接用万用表欧姆挡测量本实验中的等效电阻? 如可以,说明测量条件是什么?

(5)比较测量有源二端网络等效电阻的各种方法,说明各自的优缺点。

3.6.8　实验报告要求

(1)根据实验内容 2 和 3,分别绘出曲线,验证戴维宁定理的正确性,比较计算值和实际测量值,分析产生误差的原因。

（2）根据实验内容 1 方法测得的 U_{oc} 与 R_{eq} 与预习时电路计算的结果作比较，你能得出什么结论？

（3）解释用半电压法求 R_{eq} 的原理。

（4）归纳、总结实验结果。

3.7　实验七　交流参数的测定（三表法）

3.7.1　实验目的

（1）学会交流电压表、电流表、功率表的使用方法。

（2）学习交流电路参数的测量方法。

（3）学会判别阻抗的性质。

（4）研究正弦稳态交流电路中电压、电流相量之间的关系。

3.7.2　实验预习要求

（1）预习日光灯镇流器的结构和工作原理。

（2）预习交流电压表、电流表、功率表的使用方法和规范。

（3）复习有关纯电阻、感性阻抗和容性阻抗的性质部分内容。

3.7.3　实验仪器与器件

（1）交流 220 V 隔离变压器：1 台；

（2）交流电压表：1 台；

（3）交流电流表：1 台；

（4）功率表：1 台；

（5）自耦调压器：1 台；

（6）可变电感箱：1 台；

（7）可变电容箱：1 台；

（8）白炽灯（15 W/220 V）：1 个；

（9）电感镇流器（与 40 W 日光灯配用）：1 台。

3.7.4　实验原理

三表法是经常采用的测量 50 Hz 交流电路参数的基本方法，由于是应用电压表、电流表和功率表进行测量，故称三表法。

如图 3.21 所示，在交流电路中，对一个未知阻抗 $Z=R+\mathrm{j}X$，可用交流电压表、交流电流表和功率表分别测出其端电压 U、流过它的电流 I 和其所消耗的有功功率 P 后，再通过计算得出

其参数。功率因数为

$$\cos \varphi = \frac{P}{UI} \qquad (3.14)$$

阻抗的模、等效电阻和等效电抗分别为

$$|Z| = U/I \qquad (3.15)$$

$$R = \frac{P}{I^2} = |Z|\cos \varphi \qquad (3.16)$$

$$X = |Z|\sin \varphi \qquad (3.17)$$

或

$$X = X_L = 2\pi f L \qquad (3.18)$$

$$X = X_C = \frac{1}{2\pi f C} \qquad (3.19)$$

用三表法测得的 U、P、I 的数值不能判别被测阻抗是容性还是感性,可用在被测阻抗两端并联电容或将被测阻抗与电容串联的方法来判别。

被测阻抗两端并联一只容量适当的电容 C_0,若电流表的读数增大,则被测元件为容性;若电流表的读数减小,则被测元件为感性。

注意 C_0 值不宜过大,其额定工作电压要高于测试电路的电压峰值。

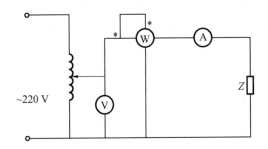

图 3.21 测量交流参数电路

被测阻抗串联一只容量适当的电容 C_0,若被测阻抗的端电压下降,则被测阻抗为容性;端电压上升则为感性,判定条件为

$$\frac{1}{\omega C_0} < |2X| \qquad (3.20)$$

3.7.5 实验内容

1. 用三表法测量交流参数

(1)按图 3.21 所示接线,并经指导教师检查后,方可接通市电电源。

(2)分别测量 15 W 白炽灯(R)、40 W 日光灯镇流器(L)和 4.7 μF 电容器(C)的等效参数,将实验数据记录在表 3.20 中。要求测量时 R 和 C 两端所加电压为 220 V,L 中流过的电流小于 0.4 A。

(3)分别将 L、C 串联和并联,测量等效参数,将实验数据记录在表 3.20 中。

表 3.20　实验数据

被测阻抗	测量值				计算值			电路等效参数	
	U/V	I/A	P/W	$\cos\varphi$	Z/Ω	$\cos\varphi$	R/Ω	L/mH	$C/\mu F$
15 W 白炽灯 R									
电感线圈 L									
电容器 C									
L 与 C 串联									
L 与 C 并联									

（4）实验线路如图 3.21 所示,不必接功率表,分别采用串、并联电容实验法,验证负载性质判别的正确性,按表 3.21 内容进行测量和记录。

表 3.21　实验数据

被测元件	串联 1 μF 电容		并联 1 μF 电容	
	串联前电压/V	串联后电压/V	并联前电流/A	并联后电流/A
R(3 只 15 W 白炽灯)				
C(4.7 μF)				
L(1 H)				

2. 功率表两种接线方法对交流参数测量结果的影响

（1）按图 3.22 所示接线,改变功率表电压线圈接法。

（2）分别测量电阻 R、电感线圈 L 和电容器 C 的等效参数,将测量数据记入表 3.22。

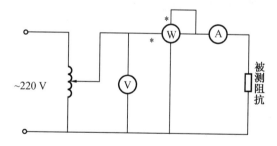

图 3.22　改变功率表电压线圈接法后的交流参数测量电路图

表 3.22　实验数据

被测阻抗	测量值				计算值			电路等效参数	
	U/V	I/A	P/W	$\cos\varphi$	Z/Ω	$\cos\varphi$	R/Ω	L/mH	$C/\mu F$
15 W 白炽灯 R									
电感线圈 L									
电容器 C									

3.7.6 实验注意事项

(1)实验中所用交流电源电压较高,要注意安全。必须在断电状态下接线,测量数据过程中要避免接触通电线路的裸露部分。

(2)注意功率表的电压量程和电流量程要高于被测负载的电压和电流。

(3)自耦调压器在接通电源前,应将其手柄置于零位上,调节时,使其输出电压从零开始逐渐升高。每次改接实验线路或实验完毕,都必须先将其旋柄慢慢调回零位,再断电源。必须严格遵守这一安全操作规程。

(4)功率表的电流线圈与待测元件串联,电压线圈与待测元件并联,其电流、电压线圈的同名端应与电路中设定的电流、电压参考方向一致。

3.7.7 实验思考题

(1)实验中的电感元件选用的是日光灯的镇流器,它是不是纯电感元件?画出其等效电路,说明其等效交流参数有哪几个?

(2)作出并联电容法判定被测元件性质的相量图,说明其原理。

(3)用并联小试验电容的方法,判断无源一端口网络是容性还是感性的依据是什么?

3.7.8 实验报告要求

(1)根据各测量数据分别计算各元件的等效参数。

(2)计算系统电路中有功功率。

3.8 实验八 交流参数的测定(三伏法)

3.8.1 实验目的

(1)学习交流电路参数的测量方法。

(2)学会判别阻抗的性质。

(3)研究正弦稳态交流电路中电压、电流相量之间的关系。

3.8.2 实验预习要求

(1)预习高频交流毫伏表和信号发生器的使用方法和规范。

(2)复习有关纯电阻、感性阻抗和容性阻抗的电流和电压之间相量关系内容。

(3)复习有关电阻器、电感器和电容器的等效电路模型和等效条件的内容。

3.8.3 实验仪器与器件

(1)信号发生器:1台;

（2）高频交流毫伏表:1 台；

（3）数字万用表或指针式万用表:1 块；

（4）十进制可变电阻箱:1 台；

（5）可变电感箱:1 台；

（6）可变电容箱:1 台。

3.8.4　实验原理

将未知阻抗与已知电阻和交流电压源相串联构成回路,用电压表分别测出未知阻抗、已知电阻和交流电压源的电压,依据电压相量图计算出未知阻抗的参数,这种方法称为三电压法,也称为三伏法,是测量交流电路参数的基本方法。

（1）对于感性阻抗,包含有纯电阻 r 和纯电感 L,可用 r 和 L 串联模型来等效,测量电路如图 3.23（a）所示。用电压表分别测量已知电阻电压 U_R、被测元件上的电压 U_Z 及总电压 U_S。用相量图表示此三个电压的关系,如图 3.23（b）所示为一个闭合三角形。

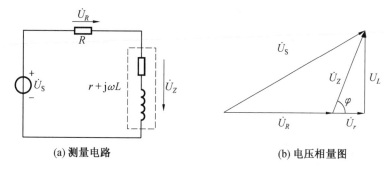

(a) 测量电路　　　　　　　　(b) 电压相量图

图 3.23　三电压法测电感线圈参数

电感线圈阻抗为

$$Z_L = r + j\omega L = |Z_L|(\cos \varphi + j\sin \varphi) \tag{3.21}$$

则

$$\begin{cases} r = |Z_L|\cos \varphi \\ L = |Z_L|\sin \varphi \end{cases} \tag{3.22}$$

$$I = \frac{U_R}{R} = \frac{U_Z}{|Z_L|}$$

则

$$|Z_L| = \frac{U_Z}{U_R}R \tag{3.23}$$

由电压相量图可知

$$\begin{cases} \cos \varphi = -\dfrac{U_R^2 + U_Z^2 - U_S^2}{2U_R U_Z} \\ \sin \varphi = \sqrt{1 - \left(\dfrac{U_R^2 + U_Z^2 - U_S^2}{2U_R U_Z}\right)^2} \end{cases} \tag{3.24}$$

则电感线圈参数为

$$
\begin{cases}
r = \dfrac{U_Z R}{U_R} \left| \dfrac{U_R^2 + U_Z^2 - U_S^2}{2 U_R U_Z} \right| \\[3mm]
L = \dfrac{U_Z R}{U_R \omega} \sqrt{1 - \left(\dfrac{U_R^2 + U_Z^2 - U_S^2}{2 U_R U_Z} \right)^2}
\end{cases}
\tag{3.25}
$$

式中,R、ω 为已知,U_R、U_Z、U_S 为测量值。

（2）对于容性阻抗,包含有纯电阻 r 和纯电容 C,可用 r 与 C 并联模型来等效。一般情况下,电容的漏电很小,r 非常大,可忽略不计,将其看成理想电容 C。测量电路如图 3.24（a）所示,用电压表分别测量已知电阻电压 U_R、被测元件上的电压 U_C 及总电压 U_S。用相量图表示此三个电压的关系,图 3.24（b）所示为一个闭合三角形。

电容容抗为

$$
Z_C = \frac{1}{\mathrm{j}\omega C}
\tag{3.26}
$$

$$
I = \frac{U_R}{R} = \frac{U_C}{\left| \dfrac{1}{\mathrm{j}\omega C} \right|} = U_C \omega C
\tag{3.27}
$$

则

$$
C = \frac{U_R}{U_C \omega R}
\tag{3.28}
$$

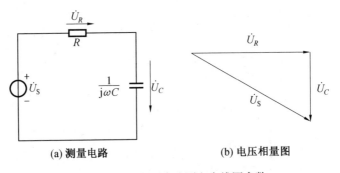

(a) 测量电路　　　　　　　　　　(b) 电压相量图

图 3.24　三电压表法测电容线圈参数

3.8.5　实验内容

1. 用三伏法测量电感线圈参数 r、L

按图 3.23（a）所示接线,由低频信号发生器提供交流电源,电源频率 $f = 1\ \mathrm{kHz}$,取 $R = 1\ \mathrm{k\Omega}$,电感 $L = 0.1\ \mathrm{H}$,改变电源电压 U_S,分别用交流电压毫伏表测量 U_R、U_Z,共测 3 组,记录在表 3.23 中,计算出相应的 r 及 L 值,并算出其平均值 $\bar{r}$、$\bar{L}$。

2. 用三电压法测电容线圈参数 C

按图 3.24（a）所示接线,由低频信号发生器提供交流电源,电源频率 $f = 1\ \mathrm{kHz}$,取 $R = $

1 kΩ,电容 $C=0.1$ μF,改变电源电压 U_S,分别用交流电压毫伏表测量 U_R、U_C,共测 3 组,记录在表 3.24 中,计算出相应的 C 值,并算出其平均值 $\overline{C}$。

表 3.23　实验数据

U_S/V	测量值		计算值			
	U_R/V	U_Z/V	r/Ω	L/H	$\overline{r}/\Omega$	$\overline{L}$/H

表 3.24　实验数据

U_S/V	测量值		计算值	
	U_R/V	U_C/V	$C/\mu F$	$\overline{C}/\mu F$

3.8.6　实验注意事项

(1)必须在断电状态下接线,测量数据过程中要避免接触通电线路的裸露部分。
(2)注意交流毫伏表的电压量程要高于被测电压。

3.8.7　实验思考题

(1)在什么条件下电容可视为理想电容?
(2)是否可将电解电容视为理想电容?

3.8.8　实验报告要求

(1)根据各测量数据分别计算各元件的等效参数。
(2)将理论计算与实验结果进行比较,分析误差产生的原因。

3.9　实验九　功率因数的提高

3.9.1　实验目的

(1)了解日光灯的工作原理,掌握日光灯电路的连接方法。
(2)研究正弦交流稳态电路中电压、电流相量之间的关系。

（3）学会使用交流电压表、交流电流表和功率表测量交流电路参数。

（4）理解改善电路功率因数的意义并掌握提高感性电路功率因数的方法。

3.9.2　实验预习要求

（1）预习日光灯的工作原理和日光灯电路的连接。

（2）预习正弦交流稳态电路中电压、电流相量之间的关系。

（3）复习有功功率、无功功率、视在功率和功率因数等内容。

（4）复习并联电容器提高感性负载电路功率因数的原理。

3.9.3　实验仪器与器件

（1）交流 220 V 隔离变压器：1 台；

（2）交流电压表：1 台；

（3）交流电流表：1 台；

（4）功率表：1 台；

（5）实验电箱（提供电流插孔、开关等）：1 台；

（6）自耦调压器：1 台；

（7）电感镇流器（与 40 W 日光灯配用）：1 台；

（8）日光灯灯管（40 W）：1 个；

（9）日光灯启辉器（与 40 W 日光灯灯管配用）：1 个；

（10）电容器 1 μF（耐压≥450 V）：1 个；

（11）电容器 2.2 μF（耐压≥450 V）：1 个；

（12）电容器 4.7 μF（耐压≥450 V）：1 个。

3.9.4　实验原理

1. 提高功率因数的意义

实际生产和生活中的用户负载大多数为感性负载（如发电机、变压器、日光灯）。当感性负载功率因数较低时，会带来两方面的问题：一是因无功功率的存在，使电源设备的容量得不到充分利用；二是因电流增大，引起线路功率损耗的增加，降低了输电效率。因此，提高功率因数有着重要的经济意义。

2. 提高功率因数的方法

感性负载提高功率因数的方法是在负载两端并联适当的电容器。其无功补偿原理电路和相量图如图 3.25 所示，并联电容后，原负载的电压和电流不变，吸收的有功功率和无功功率不变，电容器中的容性电流 $\dot{I}_C$ 补偿负载的感性电流 $\dot{I}_L$，使电路中的总电流 $\dot{I}$ 减小，从而使阻抗角小，因此功率因数提高。

设并联电容 C 前，阻抗角为 φ_1，并联电容 C 后，阻抗角为 φ_2。并联电容 C 前后，电路吸收

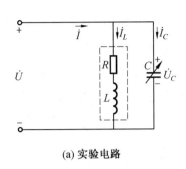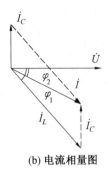

(a) 实验电路　　　　　　　　(b) 电流相量图

图 3.25　功率因数提高

的有功功率不变,即

$$P = IU\cos\varphi_2 = I_L U\cos\varphi_1 \tag{3.29}$$

则

$$\begin{cases} I = \dfrac{P}{U\cos\varphi_2} \\[3mm] I_L = \dfrac{P}{U\cos\varphi_1} \end{cases} \tag{3.30}$$

并联电容 C 以后

$$I_C = I_L\sin\varphi_1 - I\sin\varphi_2 = \omega CU \tag{3.31}$$

所以

$$I_C = \omega CU = \dfrac{P}{U}(\tan\varphi_1 - \tan\varphi_2) \tag{3.32}$$

则所需并联电容器的电容值为

$$C = \dfrac{P}{\omega U^2}(\tan\varphi_1 - \tan\varphi_2) \tag{3.33}$$

3. 无功补偿的三种类型

(1)欠补偿是指无功补偿后满足 $\cos\varphi < 1$,且电路等效电抗的性质不变,即感性电路补偿后仍为感性,容性仍为容性。

(2)全补偿是指补偿至理想功率因数值 $\cos\varphi = 1$。

(3)过补偿是指无功补偿后,电路等效阻抗的性质发生了改变,即感性电路变成容性电路;或反之,容性电路变成感性电路。

由此可见,合理地选择电容容量,可以提高功率因数。但并联的电容值不是越大越好,当电容值增大到某一数值后,会出现过补偿,使功率因数反而减小。

从经济角度考虑,无功功率补偿要合理补偿,一般采用欠补偿,通常要求用户 $\cos\varphi = 0.8 \sim 0.9$。虽然全补偿($\cos\varphi = 1$)是理想补偿方式,但功率因数过高时,每千乏容量减小损耗的作用变小,投入的电容成本大但收效低,因此不采用全补偿。同时要注意不要过补偿,以防无功倒流,造成功率损耗的增加。

4.日光灯电路的组成及工作原理

日光灯电路是日常生活中最常见的感性负载电路,主要由日光灯管、镇流器和启辉器组成,其接线电路如图3.26所示。日光灯管是一根内壁均匀涂有荧光物质的细长玻璃管,管的两端装有灯丝电极,灯丝上涂有受热后易于发射电子的氧化物,管内充有稀薄的惰性气体和水银蒸气。镇流器为一带有铁芯的电感线圈。启辉器由一个辉光管和一个小容量的电容器组成,它们装在一个圆柱形的外壳内。

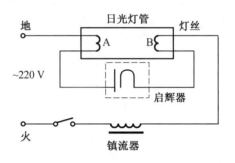

图 3.26　日光灯接线电路图

当接通电源时,由于日光灯没有点亮,电源电压全部加在启辉器中辉光管的两个电极间使辉光管放电,放电产生的热量使辉光管的倒 U 形电极受热趋于伸直,两电极接触,这时日光灯管里的灯丝通过此电极及镇流器和电源构成一个回路,灯丝因有电流(称为启动电流或预热电流)通过而发热,从而使氧化物发射电子。

辉光管中的两个电极在接通后,电极间电压为零,辉光管放电停止,倒 U 形电极因温度下降而复原,两电极脱开,回路中的电流突然被切断,于是在镇流器两端产生一个比电源电压高得多的感应电压。这个感应电压连同电源电压一起加在灯管两端,使管内的惰性气体电离而产生弧光放电。

随着管内温度的逐渐升高,水银蒸气游离并猛烈碰撞惰性气体分子而放电。水银蒸气弧光放电时,辐射出不可见的紫外线,紫外线激发灯管内壁的荧光粉后发出可见光,此为日光灯启辉过程。

日光灯点亮后的等效电路如图3.27所示。日光灯管等效为电阻 R,L 为镇流器的电感量,r_L 为镇流器电感内电阻。

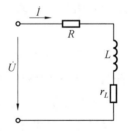

图 3.27　日光灯等效电路图

3.9.5　实验内容

1. 日光灯电路的连接

按图 3.28 所示接线,图中 AB 是日光灯管,L 是镇流器,S 是启辉器,C_1、C_2、C_3 是补偿电容器,分别为 1 μF、2.2 μF 和 4.7 μF,耐压 ≥450 V。

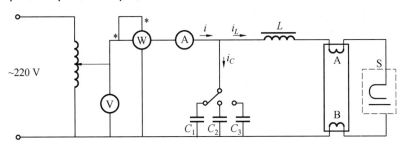

图 3.28　日光灯电路交流参数测量电路

先不接入补偿电容器,调节自耦调压器的输出,使其输出电压缓慢增大,直到日光灯刚启辉点亮为止,记下三个表的指示值。然后将电压调至 220 V,测量功率 P,电流 I,电压 U、U_L、U_{AB} 等值,并记录在表 3.25 中。

表 3.25　实验数据

	测量数值					计算值	
	P/W	$\cos \varphi$	I/A	U/V			
启辉值							
正常工作值							

2. 提高功率因数

将提高功率因数所需的电容并联在电路上,保持电压 $U = 220$ V,将测试结果记录在表 3.26 中。

表 3.26　实验数据

电容值 /μF	测量数值						计算值	
	P/W	$\cos \varphi$	U/V	I/A	I_L/A	I_C/A	I'/A	$\cos \varphi$

3.9.6　实验注意事项

（1）本实验用 220 V 交流电,务必注意用电和人身安全。

（2）实验前必须先将自耦调压器调到 0,实验完毕也必须先将自耦调压器调到 0,再关闭电源。

（3）功率表要正确接入电路。

（4）线路接线正确,日光灯不能启辉时,应检查启辉器及其接触是否良好;接换线路时,必须关闭电源开关。

（5）注意用电及人身安全,避免触电事故发生。

3.9.7　实验思考题

（1）感性负载电路并联电容后,有功功率是否改变? 电路总电流如何变化? 感性负载上的功率和电流是否改变?

（2）在实验中如何从电路总电流的变化情况判断功率因数的变化情况? 电流在什么情况下功率因数最大?

（3）用无功功率补偿的原理,阐述感性负载电路并联电容提高功率因数的原因。

（4）在日常生活中,当日光灯上缺少启辉器时,常用一根导线将启辉器的两端短接一下然后迅速断开,使日光灯点亮;或用一只启辉器去点亮多只同类型的日光灯,这是为什么?

（5）为了提高电路的功率因数,常在感性负载上并联电容器,此时增加了一条电流支路,试问电路的总电流是增大还是减小? 此时感性元件上的电流和功率是否改变?

（6）日光灯在正常工作时可近似视为什么元件? 镇流器可近似视为什么元件?

（7）提高功率因数为什么只采用并联电容法,而不采用串联电容法? 所并的电容是否越大越好?

3.9.8　实验报告要求

（1）画出电路总电流与并联电容值之间的关系曲线 $I=f(C)$。

（2）完成数据表中的计算,进行必要的误差分析。

（3）根据测量数据,画出功率因数与并联电容值的关系曲线 $\cos \varphi =f(C)$。

（4）讨论改善电路功率因数的意义和方法。本实验中当电容为多大时电路的功率因数最高? 电容值越大电路的功率因数是否越高? 随着电容值的改变? 哪些物理量应随之改变? 如何改变? 哪些物理量应不变? 用实验数据举例说明。

3.10　实验十　一阶 *RC* 电路的时域响应

3.10.1　实验目的

(1)研究一阶 *RC* 电路零输入、零状态及全响应的方波响应规律及特点。

(2)学习用示波器观察和分析一阶电路的响应。

(3)学习用示波器测量一阶电路时间常数的方法。

(4)掌握有关微分电路和积分电路的概念。

3.10.2　实验预习要求

(1)复习一阶动态电路的零输入、零状态及全响应等时域分析理论的内容。

(2)复习一阶动态电路的时间常数 τ 和电路参数的关系。

(3)预习用示波器观察和分析一阶电路的响应的方法。

(4)预习用示波器测量一阶电路时间常数的方法。

(5)预习微分电路和积分电路阶跃响应的不同点。

3.10.3　实验仪器与器件

(1)函数信号发生器:1 台;

(2)双通道高频交流毫伏表:1 台;

(3)双踪示波器:1 台;

(4)数字万用表或指针式万用表:1 块;

(5)可变电阻箱:1 台;

(6)可变电容箱:1 台。

3.10.4　实验原理

1.一阶电路及过渡过程

含有储能元件(电感、电容)的电路称为动态电路。当动态电路能用一阶线性常微分方程来描述时,则称该电路为一阶电路。对于仅含有一个电感,或仅含有一个电容的电路,当电路中的无源元件都是线性和时不变时,它一定是一阶电路。

对处于稳定状态的动态电路,当电路结构或元件参数发生变化(换路)时,电路就会从原来的稳定状态转变到另一种稳定状态,这种转变过程称为过渡过程或暂态过程。

研究过渡过程的实际意义:一是可以利用电路过渡过程产生特定波形的电信号,如锯齿波、三角波等,广泛应用于电子电路;二是清楚过渡过程开始的瞬间可能产生过电压、过电流,易使电气元件或设备损坏,有针对性地采取相应的措施,控制、预防因此而带来的危害。

2. 一阶电路的响应

（1）一阶零状态响应是指电路的初始状态为零,仅由电路中的输入激励引起的响应。当外加激励为阶跃信号时,零状态响应称为阶跃响应。

对于图 3.29 所示的一阶 RC 电路,当 $t=0$ 时,开关 S 由位置 2 转到位置 1,直流电源通过 R 向 C 充电。

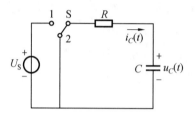

图 3.29　零状态响应和零输入响应的一阶 RC 电路

由方程

$$
\begin{cases}
u_C + RC\dfrac{\mathrm{d}u_C}{\mathrm{d}t} = U_S & (t>0) \\[2mm]
u_C(0_+) = u_C(0_-) & (t=0)
\end{cases}
\tag{3.34}
$$

可以得出电容的电压和电流随时间变化的规律

$$
\begin{cases}
u_C(t) = U_S\left(1 - \mathrm{e}^{-\frac{t}{\tau}}\right) \\[2mm]
i_C(t) = \dfrac{U_S}{R}\mathrm{e}^{-\frac{t}{\tau}}
\end{cases}
\quad (t \geqslant 0)
\tag{3.35}
$$

式中,U_S 为外施直流电压激励;$\tau = RC$ 称为时间常数,τ 越大,过渡过程持续的时间越长。可见电容上的电压按指数规律增加。

（2）一阶零输入响应是指动态电路输入激励为零时,仅由电路中的初始储能引起的响应。

在图 3.29 所示电路中,当开关 S 置于位置 1,$u_C(0_-) = U_S$ 时,再将开关 S 转到位置 2,电容器的初始电压 $u_C(0_-)$ 经 R 放电。由方程

$$
\begin{cases}
u_C + RC\dfrac{\mathrm{d}u_C}{\mathrm{d}t} = U_S & (t>0) \\[2mm]
u_C(0_+) = u_C(0_-) = U_S & (t=0)
\end{cases}
\tag{3.36}
$$

可以得出电容器上的电压和电流随时间变化的规律

$$
\begin{cases}
u_C(t) = U_S\mathrm{e}^{-\frac{t}{\tau}} \\[2mm]
i_C(t) = -\dfrac{U_S}{R}\mathrm{e}^{-\frac{t}{\tau}}
\end{cases}
\quad (t \geqslant 0)
\tag{3.37}
$$

式（3.37）表明,零输入响应是初始状态的线性函数,可见电容上的电压按指数规律衰减。

（3）一阶电路的全响应是电路在输入激励和初始状态共同作用下引起的响应。

根据叠加定理,全响应可视为零状态响应和零输入响应的叠加,可将初始状态和外加激励

作为两个独立源,测全响应为零状态响应和零输入响应之和,即

$$全响应 = 零状态响应 + 零输入响应$$

对图 3.30 所示的电路,换路前开关 S 合在 1 端,并且电路已处于稳态。当 $t = 0$ 时,将开关 S 转到位置 2,则描述电路的微分方程为

$$\begin{cases} u_C + RC\dfrac{\mathrm{d}u_C}{\mathrm{d}t} = U_{\mathrm{S}} & (t > 0) \\[2mm] u_C(0_+) = u_C(0_-) = U_0 & (t = 0) \end{cases} \tag{3.38}$$

可以得出全响应为

$$\begin{cases} u_C(t) = U_{\mathrm{S}}(1 - \mathrm{e}^{-\frac{t}{\tau}}) + U_0 \mathrm{e}^{-\frac{t}{\tau}} \\[3mm] i_C(t) = \dfrac{U_{\mathrm{S}}}{R}\mathrm{e}^{-\frac{t}{\tau}} + \dfrac{U_0}{R}\mathrm{e}^{-\frac{t}{\tau}} \end{cases} \quad (t \geqslant 0) \tag{3.39}$$

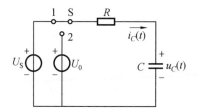

图 3.30　全响应的一阶 RC 电路

3. 时间常数 τ 及其测量

(1)时间常数 τ 的物理意义。

对于仅含电容的一阶响应,其时间常数 $\tau = RC$,具有时间的量纲,单位为秒(s)。它是反映电路过渡过程快慢程度的物理量。τ 越大,过渡过程时间越长;反之,τ 越小,过渡过程的时间越短。理论上认为,无限长时间后过渡过程方能结束,但电路工程上一般认为换路后,经过 $(3 \sim 5)\tau$,过渡过程即告结束。

当取 $t = \tau$ 时,对一阶 RC 零状态响应有

$$u_C(\tau) = U_{\mathrm{S}}(1 - \mathrm{e}^{-1}) = 0.632 U_{\mathrm{S}} \tag{3.40}$$

由此可知,零状态响应时,时间常数 τ 等于电容电压上升到稳态值 U_{S} 的 63.2% 时所对应的时间,如图 3.31(a)所示。

对零输入响应有

$$u_C(\tau) = U_0 \mathrm{e}^{-1} = 0.368 U_0 \tag{3.41}$$

由此可知,零输入响应时,时间常数 τ 等于电容电压衰减到稳态值 U_0 的 36.8% 时所对应的时间,如图 3.31(b)所示。

(2)时间常数 τ 的测量。

在示波器显示屏幕上调整好波形,可观察到图 3.32 所示的波形。设波形幅高为 A,在零状态响应曲线上找到 $0.632A$ 的点(或在零输入响应曲线上找到 $0.368A$ 的点),则其对应的时

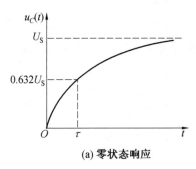

(a) 零状态响应

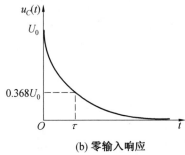

(b) 零输入响应

图 3.31　一阶 RC 电路的响应曲线

间轴上的点即为 τ。设方波周期 T 在屏幕上占 n 个格，τ 占 m 个格，则有

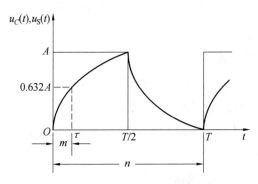

图 3.32　一阶 RC 电路时间常数 τ 的测量

$$\tau = \frac{m}{n}T \tag{3.42}$$

也可通过下式计算时间常数 τ

$$\tau = K_t m \tag{3.43}$$

式中，K_t 为示波器扫描开关的量程 T/DIV，表示每格所占的时间。

4. 用示波器观测一阶电路的方波响应

如图 3.33 所示，因为方波信号可以表示为多个阶跃信号的叠加，所以方波信号引起的响应，可以看作是多个阶跃响应的叠加。

方波的前沿相当于阶跃激励信号，其响应为零状态响应；方波的后沿相当于电容的初始电压值，其响应为零输入响应。由于方波是周期信号，可以用示波器看到稳定的响应波形。如果方波的周期远大于电路的时间常数,一般认为方波 $T/2 \geqslant (3 \sim 5)\tau$,暂态响应即可结束,所看到的电容电压响应波形曲线为零状态响应。

如果方波的周期比较小,接近于电路的时间常数,第二个方波来到时,过渡过程尚未结束时第一个方波还未结束,所看到的电容电压响应波形曲线为零输入响应。

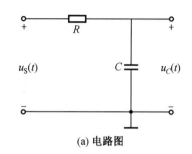

(a) 电路图

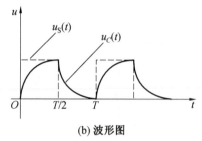

(b) 波形图

图 3.33　方波作用于一阶 RC 电路的波形图

如图 3.34 所示,当满足电路的时间常数 τ 远远大于方波周期 $T/2$ 的条件时(一般取 $\tau \geqslant 10T$),电容两端输出的电压 u_C 与方波输入信号成积分关系,称为一阶 RC 积分电路。

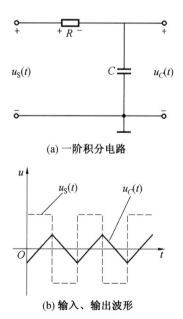

(a) 一阶积分电路

(b) 输入、输出波形

图 3.34　一阶 RC 积分电路及其输入、输出波形

如图 3.35 所示,当满足电路的时间常数 τ 远远小于方波周期 $T/2$ 的条件时(一般取 $\tau \le T/10$),电阻两端输出的电压 u_R 与方波输入信号成微分关系,称为一阶 RC 微分电路。响应的幅度始终是方波幅度的 2 倍。

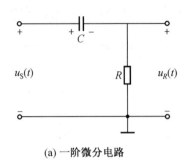

(a) 一阶微分电路

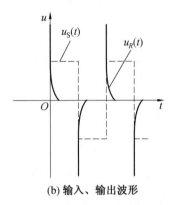

(b) 输入、输出波形

图 3.35　一阶 RC 微分电路及其输入、输出波形

3.10.5　实验内容

1.时间常数的确定

取 $R=5.1\ \text{k}\Omega$,$C=0.02\ \mu\text{F}$,组成图 3.34(a)所示的 RC 电路,输入幅度为 4 V、频率为 1 kHz的方波,用示波器观察输入、输出波形,测量时间常数,记录波形。

2.积分电路

取 $R=10\ \text{k}\Omega$,$C=0.1\ \mu\text{F}$,组成图 3.34(a)所示的 RC 电路,输入幅度为 4 V、频率为1 kHz的方波,用示波器观察输入、输出波形,测量时间常数,记录波形。

3.微分电路

取 $R=10\ \text{k}\Omega$,$C=0.01\ \mu\text{F}$,组成图 3.35(a)所示的 RC 电路,输入幅度为 4 V、频率为1 kHz的方波,用示波器观察输入、输出波形,测量时间常数,记录波形。

3.10.6　实验注意事项

(1)示波器的公共端和信号发生器的地端一般必须与电路中的接地点连接在一起,不能接在电路中电位不同的点上。

(2)在观察 $u_C(t)$ 和 $u_R(t)$ 的波形时,其幅度相差很大,注意调节 Y 轴灵敏度,使波形容易观察。

3.10.7　实验思考题

(1)如要在示波器上观察零输入响应、零状态响应和全响应,应该用什么样的电信号作为一阶电路的激励信号?

(2)在一阶 RC 电路中,R、C 的变化对电容上的电压有何影响?

(3)一阶 RC 电路在什么条件下可以作为积分电路、微分电路?

(4)根据给定电路的值,计算各电路的时间常数。

3.10.8　实验报告要求

(1)在同一坐标平面上描绘实验内容 1 中零状态响应和零输入响应时 $u_C(t)$ 的波形,总结 τ 对电容电压的影响。

(2)将时间常数测量值与理论值相比较,分析误差。

(3)在坐标纸上描绘一阶微分和一阶积分电路波形。

3.11　实验十一　二阶 RLC 电路的时域响应

3.11.1　实验目的

(1)研究 R、L、C 参数对电路响应的影响。

(2)学习二阶电路的衰减系数、振荡频率的测量方法。

(3)观察、分析二阶电路在过阻尼、临界阻尼、欠阻尼三种情况下的响应波形及特点,加深对二阶电路响应的认识和理解。

3.11.2　实验预习要求

(1)复习二阶动态电路的零输入、零状态及全响应等时域分析理论的内容。

(2)复习二阶动态电路的衰减系数、谐振角频率和电路参数的关系。

(3)预习用示波器观察和分析二阶电路响应的方法。

3.11.3　实验仪器与器件

(1)函数信号发生器:1 台;

(2)双通道高频交流毫伏表:1 台;

(3)双踪示波器:1 台;

(4)数字万用表或指针式万用表:1 块;

(5)可变电阻箱:1 台;

(6)可变电容箱:1 台;

(7)可变电感箱:1 台。

3.11.4 实验原理

1.二阶电路及过渡过程

图 3.36 所示 RLC 串联电路为一典型的二阶电路,它可以用下述线性二阶常系数微分方程来描述

$$\frac{\mathrm{d}^2 u_C(t)}{\mathrm{d}t^2} + RC\frac{\mathrm{d}u_C(t)}{\mathrm{d}t} + u_C(t) = u_S(t) \tag{3.44}$$

初始值:

$$u_C(0_+) = u_C(0_-) = U_0 \tag{3.45}$$

$$\frac{\mathrm{d}u_C(0_+)}{\mathrm{d}t} = \frac{i_L(0_+)}{C} = \frac{i_L(0_-)}{C} = \frac{I_0}{C} \tag{3.46}$$

求解微分方程,可以得出电容上的电压 $u_C(t)$。再根据 $i(t) = C\dfrac{\mathrm{d}u_C(t)}{\mathrm{d}t}$,求得 $i(t)$。

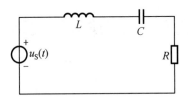

图 3.36 RLC 串联电路

改变初始状态和输入激励可以得到不同的二阶时域响应。全响应是零状态响应和零输入响应的叠加。无论是零输入响应,或是零状态响应,其电路过渡过程的性质完全由其微分方程的特征方程

$$p^2 + \frac{R}{L}p + \frac{1}{LC} = 0$$

的两个特征根

$$p_{1,2} = -\frac{R}{2L} \pm \sqrt{\left(\frac{R}{2L}\right)^2 - \left(\frac{1}{\sqrt{LC}}\right)^2}$$

来决定。定义衰减系数(阻尼系数)$\delta = \dfrac{R}{2L}$,谐振角频率 $\omega_0 = \dfrac{1}{\sqrt{LC}}$,固有振荡角频率 $\omega = \sqrt{\omega_0^2 - \delta^2}$,则 $p_{1,2} = -\delta \pm \mathrm{j}\omega$。其振荡幅度衰减的快慢取决于衰减系数 δ,而振荡的快慢则取决于振荡频率 ω_d。由于电路的参数不同,响应一般有以下三种形式。

①当 $R > 2\sqrt{\dfrac{L}{C}}$ 时,特征根 p_1 和 p_2 是两个不相等的负实数,电路的瞬态响应为非振荡性

的,称为过阻尼情况。

②当 $R=2\sqrt{\dfrac{L}{C}}$ 时,特征根 p_1 和 p_2 是两个相等的负实数,电路的瞬态响应仍为非振荡性的,称为临界阻尼情况。

③当 $R<2\sqrt{\dfrac{L}{C}}$ 时,特征根 p_1 和 p_2 是一对共轭复数,电路的瞬态响应为振荡性的,称为欠阻尼情况。

当 $\delta=0$ 时,响应是等幅振荡性的,称为无阻尼状态;当 $\delta>0$ 时,响应是发散振荡性的,称为负阻尼状态。

因此,改变电路参数 R、L、C,就可以改变谐振角频率 ω_0 及衰减系数 δ,从而改变二阶电路的响应波形。欠阻尼时,振荡幅度衰减的快慢取决于衰减系数 δ,而振荡的快慢取决于固有振荡频率 ω。

2. 固有振荡角频率和衰减系数的测量

欠阻尼情况下,可以从响应波形中测量出其衰减系数 δ 和固有振荡角频率 ω,其响应波形如图 3.37 所示。

设 A_1、A_2 为两个相邻同向波形的幅高,t_1、t_2 为上述两个幅高对应的时间轴上的点,由衰减振荡周期 $T=t_2-t_1=2\pi/\omega$,求得

$$\omega=\frac{2\pi}{T}=\frac{2\pi}{t_2-t_1} \tag{3.47}$$

T 也可以在示波器上直接读取,即 $T=K_t\,m$,K_t 为扫描速率 $T/$ DIV 每格所占的时间。

又由 $\dfrac{A_1}{A_2}=e^{\delta t}$ 得

$$\delta=\frac{1}{T}\ln\frac{A_1}{A_2} \tag{3.48}$$

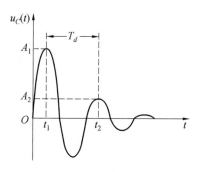

图 3.37　欠阻尼情况下的响应波形

3.11.5　实验内容

1. 观测二阶 *RLC* 串联电路的三种不同阻尼情况下的响应波形

如图 3.38 所示二阶动态电路,图中 $u_S(t)$ 为函数信号发生器输出的幅度为 4 V、频率为 1 kHz 的方波信号,取 $L=0.1$ H,$C=3\,000$ pF,R 是可变电阻箱。

调节 R,用示波器观察输入、输出波形的变化,并记录过阻尼、临界阻尼、欠阻尼三种情况下的波形,分别测量出现三种波形时对应的 R 值,与理论值相比较。

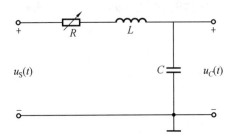

图 3.38　二阶动态电路

2. 测量固有振荡角频率 ω_d 和衰减系数(阻尼系数)δ

调节 R,使 u_C 衰减振荡波形能明显在上升阶跃和下降阶跃中至少出现一个振荡周期,且在方波的半个周期内振荡波形衰减为零。当示波器呈现稳定的欠阻尼波形时,用示波器测定振荡周期 T,两个相邻电压最大值所占格数 h_1 和 h_2,记录在表 3.27 中。根据测量结果计算衰减系数 δ 和固有振荡角频率 ω。

改变电路的参数,观察电路参数 R、L、C 对衰减系数和振荡角频率的影响,记录振荡波形。

表 3.27　实验数据

T	ω	h_1	h_2	δ

3.11.6　实验注意事项

(1)函数信号发生器、示波器的公共端必须与电路中的接地点连在一起,不能接在电路中电位不同的点上。

(2)观测响应波形时,可利用提前计算出的 R 值,直接在符合条件的阻值附近调试波形,以便迅速准确地找到相应的响应波形。

3.11.7　实验思考题

(1)电路中的等效电阻应当包含电路中的哪些损耗电阻?

(2)根据实验电路所给的参数,计算临界阻尼情况下的 R 值。

(3)什么是二阶电路的零状态响应和零输入响应?它们的变化规律与哪些因素有关?

(4)如何用示波器测得二阶电路零状态响应和零输入响应"欠阻尼"状态的衰减系数和固有振荡角频率?

(5)在什么情况下衰减振荡可以变为等幅振荡?

3.11.8　实验报告要求

(1)写出设计二阶 *RLC* 串联电路的过程,画出实验电路。

(2)根据实验数据计算二阶电路的衰减系数和固有振荡角频率,并与理论计算值比较。

(3)按 1:1 的比例描绘示波器观察到的响应波形。标明各波形所对应的阻尼情况。

(4)比较实验中 *R* 的实际测量值与理论计算值,分析产生误差的原因。

(5)分析电路对衰减系数和振荡角频率的影响。

3.12　实验十二　一阶 *RC* 电路频率特性研究

3.12.1　实验目的

(1)了解一阶 *RC* 低通与高通选频网络的特点。

(2)掌握幅频特性与相频特性的测量方法。

(3)掌握电容 *C* 在低通与高通网络中的不同作用。

3.12.2　实验预习要求

(1)复习幅频特性与相频特性的内容。

(2)复习有关滤波器的内容。

3.12.3　实验仪器与器件

(1)函数信号发生器:1 台;

(2)双通道高频交流毫伏表:1 台;

(3)双踪示波器:1 台;

(4)数字万用表或指针式万用表:1 块;

(5)可变电阻箱:1 台;

(6)可变电容箱:1 台;

(7)可变电感箱:1 台。

3.12.4　实验原理

在实际电路中,激励信号通常是很复杂的,由许多不同频率的正弦信号组成,即信号具有一定的频率范围,而动态元件对不同频率的信号又呈现不同的阻抗,所以研究电路的频率响应具有重要的实际意义。

对信号频率具有选择性的二端网络通常称为滤波器,它允许某些频率的信号通过,而其他频率的信号则受到衰减和抑制。能通过网络的信号频率范围称为"通带",不能通过网络的信号频率范围称为"阻带"。因为网络的输出电压是频率的函数,当输出电压为输入电压的0.707倍时,其对应的频率为截止频率,截止频率也是通带和阻带的频率界限。

常见滤波器的类型主要有低通滤波器、高通滤波器、带通滤波器和带阻滤波器等。

为研究网络在正弦稳态时的频率特性,可在网络的输入端加一正弦激励信号来观察网络的稳态响应。系统响应相量与激励相量之比 $H(j\omega) = \dot{U}_2/\dot{U}_1$ 称为网络函数,是角频率 ω 的函数。$|H(j\omega)|$ 与角频率 ω 的关系称为网络的幅频特性;辐角 $\varphi(\omega) = \arg H(j\omega)$ 与角频率 ω 的关系称为网络的相频特性。

1. 一阶 RC 低通滤波器

图 3.39 所示一阶 RC 低通滤波电路可使低频信号通过,对高频信号具有衰减和抑制作用。其电压转移函数为

$$H(j\omega) = \frac{\dot{U}_2}{\dot{U}_1} = \frac{1}{1+j\omega RC} = \frac{1}{1+j\omega/\omega_c} \qquad (3.49)$$

其中 $\omega_c = \dfrac{1}{RC}$,是该电路的截止频率。

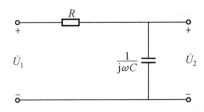

图 3.39   一阶 RC 低通滤波电路

其幅频特性为

$$|H(j\omega)| = \left|\frac{\dot{U}_2}{\dot{U}_1}\right| = \frac{1}{\sqrt{1+\left(\dfrac{\omega}{\omega_c}\right)^2}} \qquad (3.50)$$

其相频特性为

$$\varphi(j\omega) = -\arctan\frac{\omega}{\omega_c} \qquad (3.51)$$

一阶 RC 低通电路的幅频特性和相频特性如图 3.40 所示。

2. 一阶 RC 高通滤波器

图 3.41 所示一阶 RC 高通滤波电路,可使高频信号通过,对低频信号具有衰减和抑制作用。电路的电压转移函数为

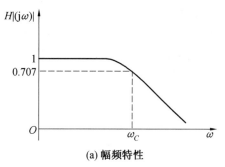

(a) 幅频特性

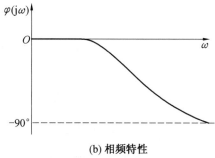

(b) 相频特性

图 3.40　一阶 RC 低通电路的频率特性

$$H(j\omega) = \frac{\dot{U}_2}{\dot{U}_1} = \frac{1}{1-j\dfrac{1}{\omega RC}} = \frac{1}{1-j\dfrac{\omega_c}{\omega}} \tag{3.52}$$

其中 $\omega_c = \dfrac{1}{RC}$，是该电路的截止频率。

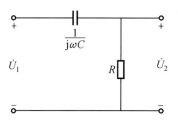

图 3.41　一阶 RC 高通滤波电路

其幅频特性为

$$H(j\omega) = \left| \frac{\dot{U}_2}{\dot{U}_1} \right| = \frac{1}{\sqrt{1+\left(\dfrac{\omega_c}{\omega}\right)^2}} \tag{3.53}$$

其相频特性为

$$\varphi(j\omega) = \arctan \frac{\omega_c}{\omega} \tag{3.54}$$

一阶 RC 高通电路的幅频特性和相频特性如图 3.42 所示。

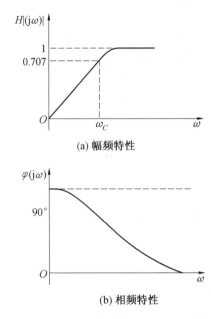

(a) 幅频特性

(b) 相频特性

图 3.42　一阶 RC 高通电路的频率特性

3. 逐点法测量电路的幅频和相频特性

在被测 RC 电路工作频率范围内,选取一定数量的频率点,保持信号源输出幅度不变,改变信号源的频率,用毫伏表测量电路在各频率点处的输入电压 U_1 和输出电压 U_2,则传输电压比的模随频率的变化关系即为电路的幅频特性。根据测量数据,可绘出幅频特性曲线。相频特性是指电路输出电压 U_2 与输入电压 U_1 的相位差随频率的变化规律。保持信号源输出幅度不变,改变信号源的频率,采用双迹法,在示波器上测量输入电压与输出电压在不同频率下的相位差,根据测量数据,可绘出相频特性曲线。

4. 频率特性曲线的绘制

在绘制频率特性曲线时,频率轴坐标若使用均匀刻度表示,在测试频率范围很宽时,由于刻度是等分的,轴长是有限的,低频段不得不被压缩而挤压在一起,这就难以将低频段内曲线的细微变化反映出来。为此,频率轴引入对数标尺刻度,它能使低频段展宽而高频段压缩,这样在很宽的频率范围内也能将频率特性清晰地反映出来。

取对数标尺后,其刻度是对数的而并非等分的,它的整刻度(10^n)才是等分的。应当注意,对数坐标是将轴按对数规律进行定刻度,而非对频率取对数。

当横轴(频率轴)取对数坐标时,网络函数的模 $|H(j\omega)|$ 以分贝表示仍采用均匀坐标,此时所绘制的幅频特性曲线称为幅频波特图,所用坐标系被称为半对数坐标系(X 轴为对数刻度,Y 轴为均匀刻度)。

绘制曲线时,应特别注意一些特殊频率点的测试,如滤波器电路中的截止频率。滤波器的截止频率是指输出信号的幅度是输入信号幅度的 $1/\sqrt{2}$,也就是输出衰减为 -3 dB 时的频率点。

5. 电平的概念

在研究滤波器、衰减器、放大器等电路时,通常并不直接考察电路中某点的电压,而是要了解各个环节的增益或衰耗,即传输电压比。因电压比本身是无量纲的,且往往数量级太大不便于作图或计算,所以在工程上引入电平的概念,其定义如下:

电平的单位为奈培(Np)。当 $U_1(I_1)$ 取任意值时,α 称为 U_2 相对于 U_1 的相对电平。当输入电压 U_1(或电流 I_1)与输出电压 U_2(或电流 I_2)相差 e(2.718)倍时,称 U_2 相对于 U_1 的电平为 1 Np(奈培),即

$$\alpha = \ln \frac{U_2}{U_1} = \ln \frac{I_2}{I_1} (\text{Np}) \tag{3.55}$$

如不取自然对数,而用以 10 为底的常用对数,则电平的单位称为分贝(dB),此时有

$$20\lg \frac{U_2}{U_1} = 10\lg \frac{P_2}{P_1} (\text{dB}) \tag{3.56}$$

分贝与奈培之间的关系为

$$1 \text{ dB} = 0.115\ 1 \text{ Np} \quad \text{或} \quad 1 \text{ Np} = 8.686 \text{ dB}$$

电平是一个相对量,要进行电平的测量就必须确定一个基准功率或基准电压。基准功率规定为在 600 Ω 电阻上消耗 1 mW 的功率,并用 P_0 表示,所以功率电平为

$$10\lg \frac{P_2}{P_1} = 10\lg P_X (\text{dB}) \tag{3.57}$$

该式表示的电平称为 P_2 的绝对功率电平。若电路中某点的功率为 1 mW,此点的功率电平为 0 dB。

由 $P_0 = U_0^2/R, R = 600$ Ω,可知 $U_0 = 0.775$ V,即基准电压为 0.775 V,所以电压电平为

$$20\lg \frac{U_2}{U_0} = 20\lg \frac{U_2}{0.775} (\text{dB}) \tag{3.58}$$

该式表示的电平称为 U_2 的绝对电压电平。显然,若电路中某点的电压为 0.775 V,则此点的绝对电压电平为 0 dB。

当电压大于 0.775 V 时,电压电平为正值,小于 0.775 V 的电压电平为负值。

网络分析仪、毫伏表等许多测量仪表都可以直接进行电平测量。电平测量实质上也就是电压测量,只是刻度不同而已。例如,YB2173 型毫伏表上的 dB 刻度线就是对 1 V 挡的电压指示取绝对电平后进行刻度的。

当毫伏表的量程置于 1 V 挡时,直接由表头的读数得到分贝值。当量程为其他挡位时,应将读数加上修正值。修正值为各量程开关上的分贝值,见表 3.28。

例如,量程为 +10 dB(×3 V)挡时,表头读数为 −4 dB,则实际电平值为

$$-4 \text{ dB} + 10 \text{ dB} = +6 \text{ dB}$$

量程为 −20 dB(×100 mV)挡时,表头读数为 +2 dB,则实际电平值为

$$+2 \text{ dB} + (-20 \text{ dB}) = -18 \text{ dB}$$

表 3.28　毫伏表各量程的分贝修正值

量　　程	300 μV	1 mV	3 mV	10 mV	30 mV	100 mV	300 mV
修正值/dB	−70	−60	−50	−40	−30	−20	−10
量　　程/V	1	3	10	30	100	300	
修正值/dB	0	10	20	30	40	50	

3.12.5　实验内容

1. 测量一阶 RC 低通电路的频率特性

选取 $R = 5.1$ kΩ，$C = 0.047$ μF，按图 3.39 所示正确连接。电路的输入端输入一个零电平（即 0.775 V）的正弦信号 U_1，从低到高改变信号发生器的频率 f，粗略观察一下电路是否具有低通特性。找出 -3 dB 截止频率点，然后再逐点测量，其幅频特性用"dB"表示，相频特性用"°"表示。将所有原始测量数据均记录在表 3.29 中。

表 3.29　一阶 RC 低通电路测量数据

f/Hz									
U_2/V									
绝对电平/dB									
φ/(°)									

2. 测量一阶 RC 高通电路的频率特性

选取 $R = 5.1$ kΩ，$C = 0.047$ μF，按图 3.41 所示正确连接。电路的输入端输入一个 1 V 的正弦信号 U_1，从低到高改变信号发生器的频率 f，粗略观察一下电路是否具有高通特性。找出截止频率点，然后再逐点测量，其幅频特性用"dB"表示，相频特性用"°"表示。将所有原始测量数据均记录在表 3.30 中。

表 3.30　一阶 RC 高通电路测量数据

f/Hz									
U_2/V									
绝对电平/dB									
φ/(°)									

3.12.6　实验注意事项

（1）在测试过程中，低通电路在改变频率后要始终保持输入电平为 0 dB（即 0.775 V）；高通电路在改变频率后要始终保持输入电压为 1 V。

（2）测试频率点要根据特性曲线的变化趋势合理选择，但不少于 10 个。最后一边记录数据,一边把"点"描在坐标纸上,一旦发现所绘曲线存在不足,可及时增加测试点。

(3)在截止频率 f_c 附近应多取几个测试点。

3.12.7　实验思考题

(1)如何确定一个滤波电路的截止频率?

(2)测电路的幅频特性时,绝对电平测试方法和相对电平测试方法对输入电压的大小有什么要求? 为什么?

(3)测试一阶 RC 网络各数据时,信号源输入幅值为什么要恒定? 什么原因会导致测量过程中信号源输出幅值发生变化?

3.12.8　实验报告要求

(1)总结 RC 低通电路的工作原理,简述实验方案及实验过程。

(2)根据测试数据在坐标纸上绘制低通的幅频特性曲线和相频特性曲线,采用半对数坐标系,横坐标用对数坐标,单位为 Hz,纵坐标采用均匀刻度,单位为 dB 或 "°"。

(3)总结 RC 高通电路的工作原理,简述实验方案及实验过程。

(4)根据测试数据在坐标纸上绘制高通的频率特性曲线。

(5)将实验中测出的截止频率与预习中的计算值比较,计算其相对误差,分析误差产生的主要原因。

3.13　实验十三　二阶 RC 电路频率特性研究

3.13.1　实验目的

(1)掌握网络函数与其频率特性的关系。

(2)掌握 RC 串并联网络与双 T 形网络的选频特性。

(3)掌握幅频特性与相频特性的测试方法。

3.13.2　实验预习要求

(1)复习 RC 串并联电路以及网络函数与其频率特性关系的内容。

(2)复习 RC 串并联网络与双 T 形网络的选频特性与电路参数的关系。

(3)复习 RC 串并联网络在谐振时的特点。

3.13.3　实验仪器与器件

(1)函数信号发生器:1 台;

(2)双通道高频交流毫伏表:1 台;

(3)双踪示波器:1 台;

（4）数字万用表或指针式万用表:1 块;

（5）实验线路板或面包板:1 块;

（6）电阻 1 kΩ:4 个;

（7）电容 0.01 μF:4 个。

3.13.4　实验原理

由电阻与电容组成的二阶 RC 网络,其结构比一阶 RC 网络来得要复杂些。本实验研究两种典型的二阶 RC 网络。

1. RC 串并联网络

如图 3.43 所示二阶 RC 串并联网络,其网络函数为

$$H(j\omega) = \frac{\dot{U}_2}{\dot{U}_1} = \frac{1}{\left(1 + \dfrac{R_1}{R_2} + \dfrac{C_2}{C_1}\right) + j\left(\omega R_1 C_2 - \dfrac{1}{\omega R_2 C_2}\right)} \tag{3.59}$$

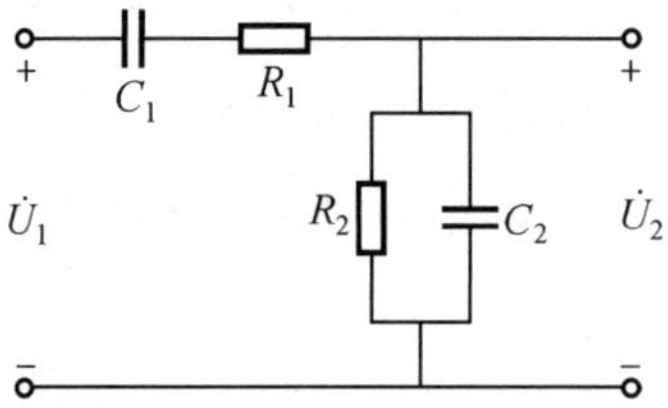

图 3.43　二阶 RC 串并联网络

当取 $R_1 = R_2 = R$、$C_1 = C_2 = C$ 时

$$H(j\omega) = \frac{1}{3 + j\left(\dfrac{\omega}{\omega_0} - \dfrac{\omega_0}{\omega}\right)} \tag{3.60}$$

其中 $\omega_0 = 2\pi f = 1/RC$,为固有角频率。

幅频特性

$$|H(j\omega)| = \frac{1}{\sqrt{3^2 + \left(\dfrac{\omega}{\omega_0} - \dfrac{\omega_0}{\omega}\right)^2}} \tag{3.61}$$

相频特性

$$\varphi(j\omega) = -\arctan\frac{\dfrac{\omega}{\omega_0} - \dfrac{\omega_0}{\omega}}{3} \tag{3.62}$$

幅频特性和相频特性曲线如图 3.44 所示。

显然,RC 串并联网络具有带通特性。当 $\omega = \omega_0$ 时,二阶 RC 串并联网络出现谐振,此时 $|H(j\omega)| = 1/3$、$\varphi(j\omega) = 0$,因此 RC 串并联电路又称为选频网络。

2. 双 T 形网络

如图 3.45 所示的 RC 电路称为双 T 形网络。其网络函数为

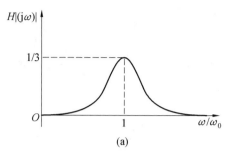

(a)

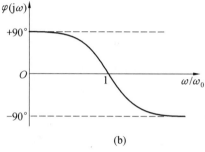

(b)

图 3.44 *RC* 串并联网络的频率特性

$$H(\mathrm{j}\omega)=\frac{\dot{U}_2}{\dot{U}_1}=\frac{1-(\omega RC)^2}{1-(\omega RC)^2+\mathrm{j}4\omega RC}=\frac{1-(\omega/\omega_0)^2}{1-(\omega/\omega_0)^2+\mathrm{j}4\omega/\omega_0} \tag{3.63}$$

其中 $\omega_0=2\pi f=\dfrac{1}{RC}$，为固有角频率。

幅频特性与相频特性分别为

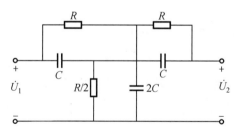

图 3.45 双 T 形网络

$$|H(\mathrm{j}\omega)|=\frac{|1-(\omega/\omega_0)^2|}{\sqrt{[1-(\omega/\omega_0)^2]^2+(4\omega/\omega_0)^2}} \tag{3.64}$$

$$\varphi(\mathrm{j}\omega)=\begin{cases}-\arctan\dfrac{4\omega/\omega_0}{1-(\omega/\omega_0)^2} & (\omega\leqslant\omega_0)\\[3mm]\pi-\arctan\dfrac{4\omega/\omega_0}{1-(\omega/\omega_0)^2} & (\omega>\omega_0)\end{cases} \tag{3.65}$$

幅频特性和相频特性曲线如图 3.46 所示。当 $\omega=\omega_0$ 时，此时 $|H(\mathrm{j}\omega)|=0$，双 T 形网络具有带阻特性。

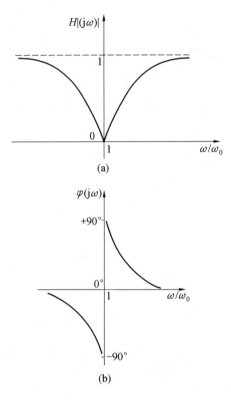

图 3.46　双 T 形网络的频率特性

3.13.5　实验内容

1. RC 串并联网络幅频与相频特性的测试

选取 $R=1$ kΩ，$C=0.01$ μF，按图 3.43 所示连接电路。电路的输入端正弦信号 U_1 幅值在 $1\sim3$ V 之间并保持不变，从低到高改变信号发生器的频率 f，粗略观察一下电路是否具有带通特性。找出固有频率点 f_0，然后再逐点测量，其幅频特性用"dB"表示，相频特性用"°"表示。将所有原始测量数据均记录在表 3.31 中。

表 3.31　RC 串并联网络电路测量数据

$U_1=$　　　V

f/Hz							
U_2/V							
绝对电平/dB							
φ/(°)							

2. 双 T 形网络幅频与相频特性的测试

选取 $R=1$ kΩ，$C=0.01$ μF，按图 3.45 所示连接电路。电路的输入端正弦信号 U_1 幅值在

1～3 V 之间并保持不变,从低到高改变信号发生器的频率 f,粗略观察一下电路是否具有带通特性。找出固有频率点 f_0,然后再逐点测量,其幅频特性用"dB"表示,相频特性用"°"表示。将所有原始测量数据均记录在表 3.32 中。

表 3.32　双 T 形网络电路测量数据

$U_1 = \qquad$ V

f/Hz							
U_2/V							
绝对电平/dB							
$\varphi/(\degree)$							

3.13.6　实验注意事项

(1)在测量过程中必须始终保持输入电压 U_1 幅值不变。

(2)在固有频率点 f_0 附近多取几个测量点。

(3) f 的取值范围应满足通带内 U_2 大小接近 U_1,而阻带内 U_2 大小接近 0。

3.13.7　实验思考题

(1)当 RC 串并联网络中 $R = 2$ kΩ, $C = 0.01$ μF 时,计算网络的中心频率固有频率点 f_0 及上、下限截止频率。

(2)当如图 3.45 所示双 T 形网络中 $R = 1$ kΩ, $C = 0.01$ μF 时,计算固有频率点 f_0 及上、下限截止频率。

(3)确定 RC 串并联网络的 f_0 时,毫伏表与示波器哪个更精确?

(4)截止频率定义为网络输出最大值的 $1/\sqrt{2}$ 点处有何物理意义?

3.13.8　实验报告要求

(1)整理实验数据,将实验中测出的各中心频率 f_0 及上、下限截止频率 f_H、f_L,与理论计算值进行比较,分析产生误差的原因。

(2)用半对数坐标值绘制 RC 串并联网络与双 T 形网络的幅频特性及相频特性曲线。

3.14　实验十四　RLC 串联谐振电路的研究

3.14.1　实验目的

(1)学习用实验方法绘制 RLC 串联电路的幅频特性曲线。

(2)加深理解电路发生谐振的条件、特点,掌握电路品质因数(电路 Q 值)的物理意义及其

测定方法。

3.14.2　实验预习要求

(1)复习 RLC 串联电路发生谐振的条件、特点。

(2)复习 RLC 串联电路品质因数(电路 Q 值)的物理意义及其测定方法。

(3) RLC 串联电路品质因数(电路 Q 值)与哪些电路参数有关?

3.14.3　实验仪器与器件

(1)函数信号发生器:1 台;

(2)双通道高频交流毫伏表:1 台;

(3)双踪示波器:1 台;

(4)数字万用表或指针式万用表:1 块;

(5)频率计:1 台;

(6)实验线路板或面包板:1 块;

(7)电阻 510 Ω:1 只;

(8)电阻 820 Ω:1 只;

(9)电容 0.1 μF:1 只;

(10)电感 0.1 H:1 只。

3.14.4　实验原理

1. RLC 串联电路谐振的条件

如图 3.47 所示, RLC 串联电路的阻抗是电源角频率 ω 的函数,即

$$Z=R+\mathrm{j}\left(\omega L-\frac{1}{\omega C}\right)=\mid Z\mid\angle\varphi \tag{3.66}$$

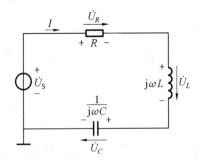

图 3.47　串联谐振电路特性测试原理图

当 $\omega L-\dfrac{1}{\omega C}=0$ 时,电路处于串联谐振状态,谐振角频率为

$$\omega_0=1/\sqrt{LC} \tag{3.67}$$

谐振频率为

$$f_0 = \frac{1}{2\pi\sqrt{LC}} \tag{3.68}$$

显然,谐振频率仅与元件 L、C 的数值有关,而与电阻 R 和激励电源的角频率 ω 无关。当 $\omega < \omega_0$ 时,电路呈容性,阻抗角 $\varphi < 0$;当 $\omega > \omega_0$ 时,电路呈感性,阻抗角 $\varphi > 0$。

2. 电路处于谐振状态时的特性

(1)由于回路总电抗 $X_0 = \omega_0 L - \dfrac{1}{\omega_0 C} = 0$,因此,回路阻抗 $|Z_0|$ 为最小值,整个回路相当于一个纯电阻电路,激励电源的电压与回路的响应电流同相位。

(2)由于感抗 $\omega_0 L$ 与容抗 $\dfrac{1}{\omega_0 C}$ 相等,所以电感上的电压 $\dot{U}_L$ 与电容上的电压 $\dot{U}_C$ 数值相等,相位相差 $180°$。

(3)在激励电压(有效值)不变的情况下,回路中的电流 $I = U_S/R$ 为最大值。

(4)谐振时感抗(或容抗)与电阻 R 之比称为品质因数 Q,即

$$Q = \frac{\omega_0 L}{R} = \frac{\dfrac{1}{\omega_0 C}}{R} = \frac{\sqrt{\dfrac{L}{C}}}{R} \tag{3.69}$$

在 L 和 C 为定值的条件下,Q 值仅仅取决于回路电阻 R 的大小。

3. 串联谐振电路的频率特性

(1)回路的响应电流与激励电源的角频率的关系称为电流的幅频特性(表明其关系的图形为串联谐振曲线),表达式为

$$I = \frac{U_S}{\sqrt{R^2 + \left(\omega L - \dfrac{1}{\omega C}\right)^2}} = \frac{U_S}{R\sqrt{1 + Q^2\left(\dfrac{\omega}{\omega_0} - \dfrac{\omega_0}{\omega}\right)^2}} \tag{3.70}$$

当电路的 L 和 C 保持不变时,改变 R 的大小,可以得出不同 Q 值时电流的幅频特性曲线。显然,Q 值越高,曲线越尖锐。

为了反映一般情况,通常研究电流比 I/I_0 与角频率比 ω/ω_0 之间的函数关系

$$\frac{I}{I_0} = \frac{1}{\sqrt{1 + Q^2\left(\dfrac{\omega}{\omega_0} - \dfrac{\omega_0}{\omega}\right)^2}} \tag{3.71}$$

这时,I_0 为谐振时的回路响应电流。

对于 Q 值相同的任何 RLC 串联电路只有一条曲线与之对应,所以,这种曲线称为串联谐振电路的通用曲线。

为了衡量谐振电路对不同频率的选择能力,定义通用幅频特性中幅值下降至峰值的 0.707 倍时频率范围(-3 dB)为相对通频带(以 B 表示),即

$$B = \omega_H/\omega_0 - \omega_L/\omega_0 = 1/Q \tag{3.72}$$

如图 3.48 所示为串联谐振电路 Q 与通频带关系曲线。显然,Q 值越高相对通频带越窄,

电路的选择性越好。

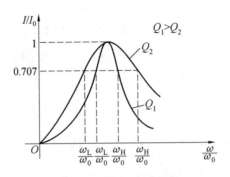

图 3.48　串联谐振电路 Q 与通频带关系曲线

（2）激励电压和回路响应电流的相角差 φ 与激励源角频率 ω 的关系称为相频特性，它可由式（3.62）计算或由实验测定。

$$\varphi(\omega) = \arctan \frac{\omega L - \dfrac{1}{\omega C}}{R} \tag{3.73}$$

相角 φ 与 ω/ω_0 的关系称为通用相频选频特性，如图 3.49 所示。

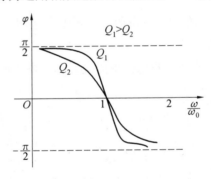

图 3.49　谐振电路中相频选频特性曲线

（3）串联谐振电路中，电感电压频率特性为

$$U_L = I\omega L = \frac{\omega L U_S}{\sqrt{R^2 + \left(\omega L - \dfrac{1}{\omega C}\right)^2}} \tag{3.74}$$

电容电压的频率特性为

$$U_C = I\frac{1}{\omega C} = \frac{U_S}{\omega C \sqrt{R^2 + \left(\omega L - \dfrac{1}{\omega C}\right)^2}} \tag{3.75}$$

显然，U_L 和 U_C 都是激励源角频率的函数，曲线如图 3.50 所示。当 $Q>0.707$ 时，U_L 和 U_C 才能出现峰值 $U_{L\max}$、$U_{C\max}$。U_L 的峰值出现在 $\omega>\omega_0$ 处，其对应的角频率为

$$\omega_L = \omega_0 \sqrt{\frac{2}{2 - 1/Q^2}} \tag{3.76}$$

U_C的峰值出现在 $\omega<\omega_0$处,其对应的角频率为

$$\omega_C = \omega_0 \sqrt{\frac{2-1/Q^2}{2}} \tag{3.77}$$

Q 值越大,出现峰值点离 ω_0越近。

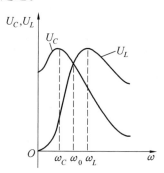

图 3.50　谐振电路中幅频特性曲线

3.14.5　实验内容

(1)按图 3.47 所示组成测量电路,用交流毫伏表测电压,用示波器监视信号源输出,令其输出电压有效值 $U_S = 1$ V,并保持不变。

(2)找出电路的谐振频率f_0,其方法是,将毫伏表接在 $R(510\ \Omega)$ 两端,令信号源的频率由小逐渐变大(注意要维持信号源的输出幅值不变),当 U_0 的读数为最大时,读得频率计上的频率值即为电路的谐振频率f_0,并测量 U_R、U_L 与 U_C值(注意及时更换毫伏表的量程)。

(3)在谐振点两侧,按频率递增或递减,依次各取几个测量点,逐点测出 U_R、U_L、U_C 之值,记录在表 3.33 中。

(4)改变电阻值,重复步骤(2)、(3)的测量过程,记录在表 3.34 中。

表 3.33　实验数据

f/Hz	300	500	700	900	1 100	1 300	1 500	f_0	1 700	1 800	1 900	2 100
U_R/V												
U_L/V												
U_C/V												
I/mA												
I/I_0												
ω/ω_0												
$U_S = 1$ V,$R=510\ \Omega$,$L=0.1$ H,$C=0.1\ \mu$F,$f_0=$　　　　,$Q=$												

表 3.34　实验数据

f/Hz	300	500	700	900	1 100	1 300	1 500	f_0	1 700	1 800	1 900	2 100
U_R/V												
U_L/V												
U_C/V												
I/mA												
I/I_0												
ω/ω_0												

$U_S = 1$ V, $R = 820$ Ω, $L = 0.1$ H, $C = 0.1$ μF, $f_0 = $ 　　　，$Q = $

3.14.6　实验注意事项

(1)在调频过程中要始终保持信号输入电压不变。

(2)测量谐振频率及上下截止频率时,必须反复细致地测量,才能找到正确的频率点。

(3)测量谐振曲线时,在谐振频率附近曲线变化较快,应多取一些测试点,才能保证画出正确的曲线。

(4)信号发生器、交流毫伏表和示波器的"地"端应接在一起。

(5)本实验中电压有效值的测量应该使用交流毫伏表,而不可使用万用表,因为交流毫伏表可测量高频交流信号的电压有效值,万用表交流电压挡只能用于测量低频交流信号。

3.14.7　实验思考题

(1)根据实验线路给出的元件参数值,估算电路的谐振频率 f_0 和品质因数 Q。

(2)改变电路的哪些参数可使电路发生谐振? 电路中 R 的数值是否影响谐振频率值?

(3)如何判别电路是否发生谐振?

(4)要提高 RLC 串联电路的品质因数,电路参数应如何改变?

(5)是否可以使用数字万用表测量本次实验的各交流电压? 为什么?

3.14.8　实验报告要求

(1)绘制 $R = 510$ Ω 时, U_R、U_L、U_C 的幅频特性曲线。

(2)绘制不同品质因数 Q 值下串联谐振电路的通用谐振曲线。

(3)找出谐振频率,与理论值比较。

(4)分析谐振电路的通频带和品质因数的关系。

(5)为什么串联谐振时的 U_R 小于电源电压 U_S?

3.15　实验十五　三相电路电压、电流和相序的测量

3.15.1　实验目的

(1)掌握三相负载作星形连接和三角形连接的方法。

(2)验证三相负载作星形连接和三角形连接时,负载相电压和线电压、相电流和线电流之间的关系。

(3)了解不对称负载作星形连接时中(性)点位移和中线的作用。

(4)掌握测定电源相序的方法。

3.15.2　实验预习要求

(1)复习有关三相电路的内容。

(2)当三相电源的某根端线断路时,三相负载能否正常工作?

(3)当某相负载断路或短路时,其他相负载能否正常工作?

(4)预习三相自耦调压器、三相灯组负载等设备使用方面的知识。

3.15.3　实验仪器与器件

(1)三相交流隔离变压器:1 台;

(2)三相自耦调压器:1 台;

(3)交流电压表(0~500 V):1 台;

(4)交流电流表(0~5 A):1 台;

(5)数字万用表或指针式万用表:1 块;

(6)三相灯组负载(15 W/220 V 白炽灯):3 组;

(7)电容器 4.7 μF(耐压 500 V):1 个。

3.15.4　实验原理

三相供电系统主要由三相电源、三相负载和三相输电线三部分组成。三相电源通过三相输电线向三相负载供电就构成了三相电路。三相电源是由频率相同、幅值相等、初相依次滞后 120°的正弦电压源组成的对称电源。若三相负载(输电线)等效阻抗相同,则称为对称三相负载。

三相电源和三相负载可以接成星形(Y 形)和三角形(△形)。

1. 三相负载的星形连接

如图 3.51 所示,电源和负载之间用四根导线,故称三相四线制。对于对称三相负载,线电压 U_L 是相电压 U_P 的 $\sqrt{3}$ 倍,线电流 I_L 等于相电流 I_P,即

$$\begin{cases} U_{\mathrm{L}} = \sqrt{3}\, U_{\mathrm{P}} \\ I_{\mathrm{L}} = I_{\mathrm{P}} \end{cases} \tag{3.78}$$

对于对称三相电路,流过中性线的电流 $I_{\mathrm{N}} = 0$,所以可以省去中性线。

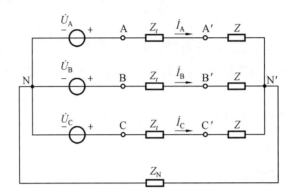

图 3.51　三相电路的星形连接方式

2. 三相负载的三角形连接

如图 3.52 所示,电源和负载之间用了三根导线,故称三相三线制。对于三相对称电路

$$\begin{cases} U_{\mathrm{L}} = U_{\mathrm{P}} \\ I_{\mathrm{L}} = \sqrt{3}\, I_{\mathrm{P}} \end{cases} \tag{3.79}$$

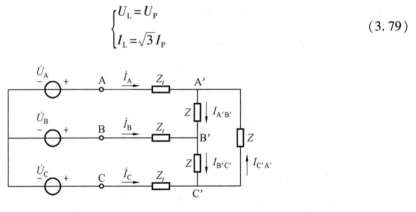

图 3.52　三相电路的三角形连接方式

3. 不对称三相负载星形连接

如果三相负载不对称,必须采用三相四线制接法,即 Y_0 接法。而且中性线必须牢固连接,以保证三相不对称负载的每相电压维持对称不变。如果没有中线或中线断开,负载中性点出现位移,会导致三相负载相电压的不对称,使负载轻的一相相电压过高,而负载重的一相相电压又过低,使负载不能正常工作。所以当三相负载不对称时,中性线不能省去。

当三相不对称负载三角形连接时,只要电源的线电压 U_{L} 对称,加在三相负载上的电压仍然是对称的,对各相负载工作没有影响。

4. 三相电源的相序

相序就是三相交流电的瞬时值从负值向正值变化经过零值的依次顺序,在三相电路中相序是一个很重要的概念。在实际的对称三相电路中,若以某一相为 A 相,则认为比 A 相滞后

120°的为 B 相,再滞后 120°的为 C 相,此为正序。但在系统出现故障时,ABC 三相不再对称,为便于分析,可将电压、电流分解为正序、负序和零序三种分量。

实验测定三相电源的相序通常使用如图 3.53 所示的相序指示器,它是由一个电容器和两个功率相同的白炽灯构成星形连接负载,接入三相对称电源,根据两个白炽灯亮度差异可确定对称三相电源的相序。

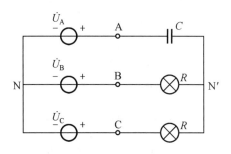

图 3.53　相序指示器

设三相电源对称,$\dot{U}_A = U\angle 0°$,那么 $\dot{U}_B = U\angle 120°$、$\dot{U}_C = U\angle -120°$,设接电容器的一相为 A 相,$R = \dfrac{1}{\omega C}$,因为三相电源中性点 N 和三相负载中性点 N′之间没有中性线连接,则

$$j\omega C(\dot{U}_{N'N} - \dot{U}_{AN}) + \frac{\dot{U}_{N'N} - \dot{U}_{BN}}{R} + \frac{\dot{U}_{N'N} - \dot{U}_{CN}}{R} = 0 \tag{3.80}$$

$$\dot{U}_{N'N} = \frac{j\omega \dot{C}U_{AN} + \dfrac{\dot{U}_{BN} + \dot{U}_{CN}}{R}}{j\omega C + \dfrac{2}{R}} = \frac{j-1}{j+2}U \approx 0.63U\angle 208.4° \tag{3.81}$$

则 B 相白炽灯承受的电压为

$$\dot{U}_{BN'} = \dot{U}_{BN} - \dot{U}_{NN'} \approx 1.5U\angle 101.5° \tag{3.82}$$

和 C 相所连接的白炽灯电压为

$$\dot{U}_{CN'} = \dot{U}_{CN} - \dot{U}_{NN'} \approx 0.4U\angle 133.4° \tag{3.83}$$

所以 B 相白炽灯较亮,C 相较暗。

3.15.5　实验内容

1. 三相负载星形连接的电压、电流测量

按图 3.54 所示线路组接实验电路,三相负载由三相灯组(15 W/220 V 白炽灯)组成,三相灯组负载经三相自耦调压器接通三相对称电源,并将三相调压器的旋柄置于三相电压输出为 0 V 的位置(即逆时针旋到底),经指导教师检查合格后,方可合上三相电源开关。

然后调节调压器的输出,使输出的三相线电压为 220 V,按数据表所列各项要求分别测量有中线连接 Y_0 和无中线连接 Y 情况下三相负载的线电压、相电压、线电流(相电流)、中线电流、电源与负载中间点的电压。将所测得的数据记录在表 3.35 中,并观察各相灯组亮暗的变化程度,要特别注意观察中线的作用。

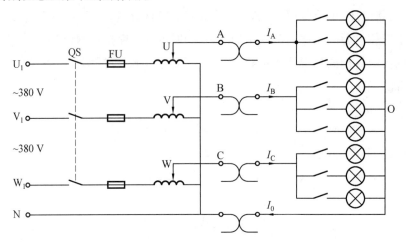

图 3.54　星形连接的实验线路图

表 3.35　实验数据

测量数据	开灯盏数			线电流/A			线电压/V			相电压/V			中线电流 I_0/A	中线电压 U_{N0}/V
负载情况	A 相	B 相	C 相	I_A	I_B	I_C	U_{AB}	U_{BC}	U_{CA}	U_{AO}	U_{BO}	U_{CO}		
Y_0接对称负载	2	2	2											
Y 接对称负载	3	3	3										/	/
Y_0接不对称负载	1	2	3											
Y 接不对称负载	1	2	3										/	/
Y_0接 B 相断开	1	0	3											
Y 接 B 相断开	1	0	3										/	/
Y 接 B 相短路	1	0	3										/	/

2. 负载三角形连接的电压、电流测量

按图 3.55 所示改接线路,三相负载由三相灯组(15 W/220 V 白炽灯)组成,三相灯组负载经三相自耦调压器接通三相对称电源,并将三相调压器的旋柄置于三相电压输出为 0 V 的位置(即逆时针旋到底),经指导教师检查合格后,方可合上三相电源开关。然后调节调压器,使其输出线电压为 220 V,并按表 3.36 的内容进行测试。

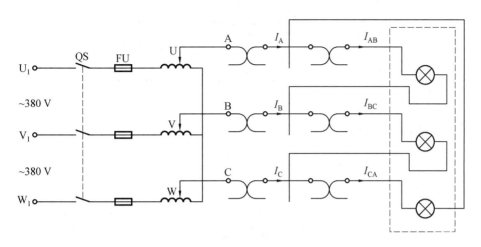

图 3.55 三角形连接的实验线路图

表 3.36 实验数据

测量数据	开灯盏数			线电压=相电压/V			线电流/A			相电流/A		
负载情况	A、B 相	B、C 相	C、A 相	U_{AB}	U_{BC}	U_{CA}	I_A	I_B	I_C	I_{AB}	I_{BC}	I_{CA}
三相对称	3	3	3									
三相不对称	1	2	3									

3.三相电源相序的测量

按图 3.56 所示改接线路,用两组白炽灯负载(15 W/220 V 白炽灯)和电容器(4.7 μF,耐压 500 V)组成相序指示器,经三相自耦调压器接通三相对称电源,并将三相调压器的旋柄置于三相电压输出为 0 V 的位置(即逆时针旋到底),经指导教师检查合格后,方可合上三相电源开关。然后调节调压器,使其输出线电压为 220 V,并按表 3.37 的内容进行测试。

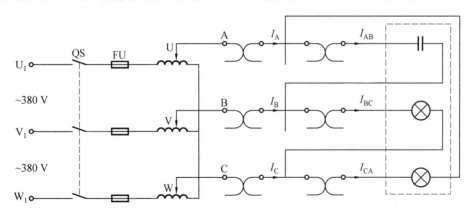

图 3.56 三相电源相序的测量实验线路图

表 3.37　三相电路的相序

	U	V	W
相序			

3.15.6　实验注意事项

（1）本实验采用三相交流市电，线电压为 380 V。实验时要注意人身安全，不可触及导电部件，防止意外事故发生。

（2）每次接线完毕，同组同学应自查一遍，然后由指导教师检查后，方可接通电源，必须严格遵守先断电、再接线、后通电，先断电、后拆线的实验操作原则。

（3）星形负载做短路实验时，必须首先断开中线，以免发生短路事故。

（4）测量电流时，电流表必须串联在电路中。

3.15.7　实验思考题

（1）三相负载根据什么条件作星形或三角形连接？

（2）了解中线的作用。

（3）复习三相交流电路有关内容，试分析三相星形连接不对称负载在无中线情况下，当某相负载开路或短路时会出现什么情况？如果接上中线，情况又如何？

（4）本次实验中，为什么要通过三相调压器将 380 V 的线电压降为 220 V 的线电压使用？

（5）掌握三相负载的两种连接方式的含义及连接方法，理解在不同连接方式下，线电压与相电压，线电流与相电流之间的关系。

（6）测量电流时，电流表是否须串联在电路中？

（7）在三相四线制系统中，中性线上可以安装开关和保险吗？为什么？

（8）三相三线制负载星形连接，当负载不对称时，有无中性点位移？

3.15.8　实验报告要求

（1）用实验测得的数据验证对称三相电路中的 $\sqrt{3}$ 倍的关系。

（2）用实验数据和观察到的现象，总结三相四线供电系统中中线的作用。

（3）不对称三角形连接的负载能否正常工作，实验是否能证明这一点？

（4）根据不对称负载三角形连接时的相电流值作相量图，并求出线电流值，然后与实验测得的线电流作比较并分析。

3.16　实验十六　三相电路的功率测量

3.16.1　实验目的

(1)学习三相三线制和三相四线制电路功率的测量方法。

(2)掌握用功率表测量三相电路功率的方法。

(3)进一步熟练掌握功率表的使用方法。

3.16.2　实验预习要求

(1)复习有关三相电路的内容。

(2)预习一表法、二表法测量三相负载功率的原理和接线方法。

3.16.3　实验仪器与器件

(1)三相交流隔离变压器:1 台;

(2)三相自耦调压器:1 台;

(3)交流电压表(0～500 V):2 台;

(4)交流电流表(0～5 A):2 台;

(5)功率表:2 台;

(6)数字万用表或指针式万用表:1 块;

(7)三相灯组负载(15 W/220 V 白炽灯):1 组;

(8)电容器 4.7 μF(耐压 500 V):1 个。

3.16.4　实验原理

功率表又称为瓦特表,根据电动系单相功率表的基本原理,在测量三相交流电路时,功率表的读数就是负载消耗的有功功率 $P = UI\cos\varphi$,其中 U 为功率表电压线圈两端的电压,I 为流过功率表电流线圈的电流,φ 为 U 与 I 之间的相位差。实际测量中根据功率表的连接方式常采用一表法和二表法测量三相交流电路的有功功率。

1. 一表法测量有功功率

对于三相四线制供电系统中的三相星形连接负载(即 Y_0 接法),可用一只功率表分别测各相的有功功率 P_A、P_B、P_C,将结果相加即可得总有功功率:

$$\sum P = P_A + P_B + P_C \tag{3.84}$$

这种方法称为一表法。如果三相负载是对称的,则只需测量一相的功率,再乘以 3,即得三相总的有功功率。测量线路如图 3.57 所示。

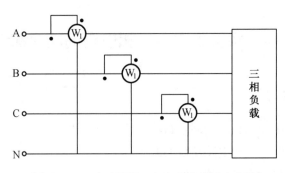

图 3.57　一表法测量三相负载有功功率电路

2. 二表法测量有功功率

对于三相三线制供电系统中,不论三相负载是否对称,也不论负载是 Y 形接还是 △ 接,都可用二表法测量三相负载的总有功功率。测量线路如图 3.58 所示。

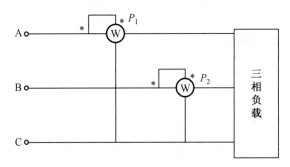

图 3.58　二表法测量三相负载有功功率电路

对称三相电路中,两只功率表的读数与负载的功率因数有如下关系:

如果负载为纯电阻时,两只功率表读数相等;

如果负载的功率因数大于 0.5,两只功率表读数均为正;

如果负载的功率因数等于 0.5,其中一只功率表读数为零;

如果负载功率因数小于 0.5(相位差 $\varphi > 60°$)时,其中一只功率表读数为负,也就是一只功率表指针将反偏(数字式功率表将出现负读数),这时应将功率表电流线圈的两个端子调换(不能调换电压线圈端子),其读数应记为负值。

那么三相总功率

$$\sum P = P_1 + P_2 (P_1 、 P_2 \text{ 本身不含任何意义}) \tag{3.85}$$

其中,P_1、P_2 分别是两只功率表的读数,本身不含任何意义。

三相负载无功功率为

$$Q = \sqrt{3} (P_1 - P_2) \tag{3.86}$$

负载的功率因数角为

$$\varphi = \arctan \sqrt{3} \frac{P_1 - P_2}{P_1 + P_2} \tag{3.87}$$

除图 3.58 所示的 I_A、U_{AC} 与 I_B、U_{BC} 接法外,还有 I_B、U_{AB} 与 I_C、U_{AC} 以及 I_A、U_{AB} 与 I_C、U_{BC} 两种接法。

3.16.5　实验内容

1. 用一表法测量 Y_0 接法三相对称负载和三相不对称负载的总有功功率 $\sum P$

(1)按图 3.59 所示线路接线,首先将 3 只表按图 3.59 接入 B 相进行测量,然后分别将 3 只表换接到 A 相和 C 相,再进行测量。线路中的电流表和电压表用以监视该相的电流和电压,不要超过功率表电压和电流的量程,接线时应正确选择功率表的电压量程和电流量程,以免损坏功率表。

(2)经指导教师检查后,接通三相电源,调节调压器输出,使输出线电压为 220 V,按表3.38的要求进行测量及计算。

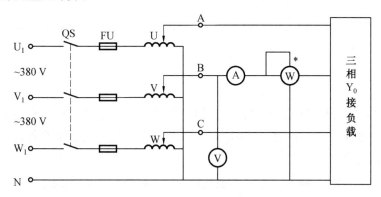

图 3.59　一瓦特表法测总功率

表 3.38　实验数据

负载情况	开灯盏数			测量值			计算值
	A 相	B 相	C 相	P_A/W	P_B/W	P_C/W	$\sum P/W$
Y_0 接对称负载	3	3	3				
Y_0 接不对称负载	1	2	3				

2. 用二表法测量三相负载的总有功功率

(1)关闭三相电源,按图 3.60 所示接线,拆掉中线,将三相负载接成 Y 形接法。

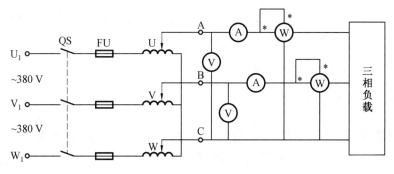

图 3.60　二瓦特表法测总功率

(2)经指导教师检查后,接通三相电源,调节调压器的输出线电压为 220 V,按表 3.39 的内容进行测量。

(3)将三相灯组负载改成△形接法,重复上述实验步骤,数据记录在表 3.39 中。

表 3.39 实验数据

负载情况	开灯盏数		测量值		计算值	
	A 相	B 相	C 相	P_1/W	P_2/W	$\sum P/W$
Y 接对称负载	3	3	3			
Y 接不对称负载	1	2	3			
△接不对称负载	1	2	3			
△接对称负载	3	3	3			

3.16.6 实验注意事项

(1)本实验是强电实验,电压较高,切记保证不带电作业。必须严格遵守先接线后通电,接线时先负载后电源;实验后先断电后拆线,拆线先电源后负载的实验操作原则,确保人身安全和仪器仪表的安全。

(2)实验前,电源的三相电压输出必须从 0 V 开始调节到 220 V(线电压不得超过 220 V);实验完毕,必须把电源的三相电压输出调节到 0 V,然后再关闭电源。

(3)三相三线制电路无论负载采用星形连接还是三角形连接,也无论负载是否对称,均可用二表法测量功率。

(4)功率表使用原则:两只功率表的电流线圈分别串接在任意两相端线中,电压线圈的非同名端必须同时接在未接功率表的第三相的端线上。

3.16.7 实验思考题

(1)掌握三相负载的两种连接方式的含义及连接方法,理解在不同连接方式下,线电压与相电压,线电流与相电流之间的关系。

(2)功率表的电压量程、电流量程应如何选择? 功率表每一小格代表的功率值是多少?

(3)用二表法测量三相纯电阻性负载的有功功率时,功率表的读数是否会出现负值?

(4)测量功率时,为什么在线路中通常都接有电流表和电压表?

(5)什么情况下能用二表法测量三相系统电路功率?

3.16.8 实验报告要求

(1)完成数据表中各项测量和计算任务。比较一表法和二表法的测量结果。

(2)总结、分析三相电路功率测量的方法与结果。

3.17　实验十七　无源二端口网络等效参数的测定

3.17.1　实验目的

(1)加深理解二端口网络传输参数的基本理论。

(2)掌握直流二端口网络传输参数的测量技术。

(3)研究二端口网络及其等效电路在有载情况下的性能。

3.17.2　实验预习要求

(1)复习有关二端口网络传输参数的基本理论。

(2)复习有关直流二端口网络传输参数的测量方法。

3.17.3　实验仪器与器件

(1)可调直流稳压电源:1 台;

(2)数字万用表或指针式万用表:1 块;

(3)实验线路板或面包板:1 块;

(4)十进制可变电阻箱:1 台;

(5)电阻 100 Ω:1 个;

(6)电阻 510 Ω:2 个。

3.17.4　实验原理

(1)对于无源二端口网络,如图 3.61 所示,可以用网络参数来表征它的特性,这些参数只决定于二端口网络内部的元件和结构,而与输入无关。网络参数确定后,两个端口处的电压电流关系即网络的特性方程就唯一确定了。

图 3.61　无源二端口网络

①若将二端口的输入端电流 $\dot{I}_1$ 和输出端电流 $\dot{I}_2$ 作为自变量,电压 $\dot{U}_1$ 和 $\dot{U}_2$ 作为因变量,则有特性方程

$$\begin{cases} \dot{U}_1 = Z_{11}\dot{I}_1 + Z_{12}\dot{I}_2 \\ \dot{U}_2 = Z_{21}\dot{I}_1 + Z_{22}\dot{I}_2 \end{cases} \tag{3.88}$$

式中，Z_{11}、Z_{12}、Z_{21}、Z_{22} 称为二端口网络的 Z 参数，它们具有阻抗的性质，分别表示为

$$
\begin{cases}
Z_{11} = \left.\dfrac{\dot{U}_1}{\dot{I}_1}\right|_{\dot{I}_2=0} \\[4mm]
Z_{12} = \left.\dfrac{\dot{U}_1}{\dot{I}_2}\right|_{\dot{I}_1=0} \\[4mm]
Z_{21} = \left.\dfrac{\dot{U}_2}{\dot{I}_1}\right|_{\dot{I}_2=0} \\[4mm]
Z_{22} = \left.\dfrac{\dot{U}_2}{\dot{I}_2}\right|_{\dot{I}_1=0}
\end{cases}
\tag{3.89}
$$

从上述 Z 参数的表达式可知，只要将二端口网络的输入端和输出端分别开路，测出其相应的电压和电流后，就可以确定二端口网络的 Z 参数。

当二端口网络为互易网络时，有 $Z_{12}=Z_{21}$，因此，四个参数中只有三个是独立的。

②若将二端口网络的输出端电压 $\dot{U}_2$ 和电流 $-\dot{I}_2$ 作为自变量，输入端电压 $\dot{U}_1$ 和电流 $\dot{I}_1$ 作为因变量，则有方程

$$
\begin{cases}
\dot{U}_1 = A_{11}\dot{U}_2 + A_{12}(-\dot{I}_2) \\[2mm]
\dot{I}_1 = A_{21}\dot{U}_2 + A_{22}(-\dot{I}_2)
\end{cases}
\tag{3.90}
$$

式中，A_{11}、A_{12}、A_{21}、A_{22} 称为传输参数，分别表示为

$$
\begin{cases}
A_{11} = \left.\dfrac{\dot{U}_1}{\dot{U}_2}\right|_{\dot{I}_2=0} \\[4mm]
A_{12} = \left.\dfrac{\dot{U}_1}{-\dot{I}_2}\right|_{\dot{U}_2=0} \\[4mm]
A_{21} = \left.\dfrac{\dot{I}_1}{\dot{U}_2}\right|_{\dot{I}_2=0} \\[4mm]
A_{22} = \left.\dfrac{\dot{I}_1}{-\dot{I}_2}\right|_{\dot{U}_2=0}
\end{cases}
\tag{3.91}
$$

可见，A 参数同样可以用实验的方法求得。当二端口网络为互易网络时，有 $A_{11}A_{22}-A_{12}A_{21}=1$，因此四个参数中只有三个是独立的。在电力及电信传输中常用 A 参数方程来描述网络特性。

③若将二端口网络的输入端电流 $\dot{I}_1$ 和输出端电压 $\dot{U}_2$ 作为自变量，输入端电压 $\dot{U}_1$ 和输出端电流 $\dot{I}_2$ 作为因变量，则有方程

$$\begin{cases} \dot{U}_1 = h_{11}\dot{I}_1 + h_{12}\dot{U}_2 \\ \dot{I}_2 = h_{21}\dot{I}_1 + h_{22}\dot{U}_2 \end{cases} \tag{3.92}$$

式中，h_{11}、h_{12}、h_{21}、h_{22} 称为混合参数，分别表示为

$$\begin{cases} h_{11} = \dfrac{\dot{U}_1}{\dot{I}_1}\bigg|_{\dot{U}_2=0} \\[4mm] h_{12} = \dfrac{\dot{U}_1}{\dot{U}_2}\bigg|_{\dot{I}_1=0} \\[4mm] h_{21} = \dfrac{\dot{I}_2}{\dot{I}_1}\bigg|_{\dot{U}_2=0} \\[4mm] h_{22} = \dfrac{\dot{I}_2}{\dot{U}_2}\bigg|_{\dot{I}_1=0} \end{cases} \tag{3.93}$$

h 参数同样可以用实验方法求得。当二端口网络为互易网络时，有 $h_{12} = -h_{21}$，因此，网络的四个参数中只有三个是独立的。h 参数常被用来分析晶体管放大电路的特性。

（2）无源二端口网络的外部特性可以用三个阻抗（或导纳）元件组成的 T 形或 π 形等效电路来代替，其 T 形等效电路如图 3.62 所示。若已知网络的 A 参数，则阻抗 Z_1、Z_2、Z_3 分别为

$$\begin{cases} Z_1 = \dfrac{A_{11}-1}{A_{21}} \\[4mm] Z_2 = \dfrac{1}{A_{21}} \\[4mm] Z_3 = \dfrac{A_{22}-1}{A_{21}} \end{cases} \tag{3.94}$$

因此，求出二端口网络的 A 参数之后，网络的 T 形（或 π 形）等效电路参数也就可以求得。

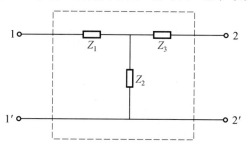

图 3.62　T 形等效电路

（3）在二端口网络输出端接一个负载阻抗，在输入端接入一实际电源（由电压源 U_S 和阻抗 Z_S 串联构成），如图 3.63 所示，则二端口网络输入阻抗为输入端电压和电流之比，即

$$Z_{\text{in}} = \frac{\dot{U}_1}{\dot{I}_1} \tag{3.95}$$

根据 A 参数方程,得

$$Z_{\text{in}} = \frac{A_{11}Z_L + A_{12}}{A_{21}Z_L + A_{22}} \tag{3.96}$$

输入阻抗、输出阻抗可以根据网络参数计算得到,也可以通过实验测得。

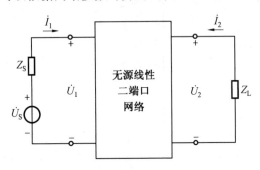

图 3.63 二端口网络

(4)本实验仅研究直流二端口的特性,因此,只需将上述各公式中的 $\dot{U}$、$\dot{I}$、Z 改为相应的 U、I、R 即可。

3.17.5 实验内容

(1)按图 3.64 所示无源二端口网络连接电路。

(2)测定二端口网络的 Z 参数、A 参数和 h 参数。

(3)测定二端口网络在有载情况下(即 U_2 端接入负载 Z_L)的输入电阻,并验算在此有载情况下的端口阻抗 Z_{in} 参数和 A 参数方程。

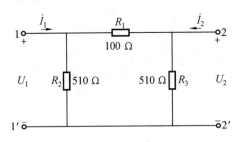

图 3.64 π 形无源二端口网络

(4)验证二端口网络 T 形等效电路的等效性。

根据实验内容(2)测得的参数计算出 T 形等效电路的参数 R_1、R_2 和 R_3,并用电阻箱组成该 T 形电路,然后测出 T 形等效电路 A 参数和 h 参数,以及测出在有载情况下(与实验内容(2)相同)的输入电阻。

3.17.6　实验注意事项

（1）在测量流入（流出）端口的电流时，要注意判别电流表的极性及选取适合的量程（根据所给的电路参数，估算电流表的量程）。

（2）设计的实验统一线路要安全可靠，操作简单方便。

（3）在换接线路时，先把稳压电源的输出调到零，然后断开电源，防止将稳压电源的输出端短路。

3.17.7　实验思考题

（1）二端口网络的参数为什么与外加电压或流过网络的电流无关？

3.17.8　实验报告要求

（1）拟定实验数据记录表。

（2）用实验内容（2）测得的 A 参数或 Z 参数计算出对应的 h 参数，并与实验内容（4）测得的 h 参数相比较。

（3）用实验内容（2）测得的 A 参数计算出二端口网络的输入电阻，并与实验内容（4）的测量值相比较。

（4）根据实验数据比较 π 形二端口网络和 T 形等效电路的等效性。

（5）从测得的 A 参数和 Z 参数判别本实验所研究的网络是互易网络还是对称网络。

3.18　实验十八　电压互感器

3.18.1　实验目的

（1）学会互感电路同名端、互感系数的测定方法。

（2）理解两个线圈相对位置的改变，以及用不同材料作为线圈芯片时对互感的影响。

3.18.2　实验预习要求

（1）复习有关互感电路的知识。

（2）预习互感电路同名端、互感系数的测定方法。

3.18.3　实验仪器与器件

（1）可调直流稳压电源：1 台；

（2）指针式万用表：1 块；

（3）实验线路板或面包板：1 块；

（4）十进制可变电阻箱：1 台；

（5）信号发生器：1 台；

（6）互感线圈：1 个；

（7）铁芯：1 个；

（8）铝棒：1 个。

3.18.4　实验原理

1.判断互感线圈同名端的方法

（1）直流法。

如图 3.65 所示，当开关 S 闭合瞬间，若电流表的指针正偏，则可判定 1、2 为同名端；指针反偏，则 1、4 为同名端。

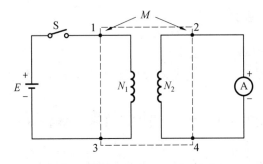

图 3.65　直流法判断互感线圈同名端电路图

（2）交流法。

如图 3.66 所示，将线圈 N_1 的任一端和 N_2 的任一端连接在一起，在其中的一个线圈两端加一个低压交流电压 U_S，另一线圈开路，分别测出 U_S、U_{12} 和 U_{24}。若 $U_{12} = U_S - U_{24}$，则 1、2 是同名端；若 $U_{12} = U_S + U_{24}$，则 1、4 是同名端。

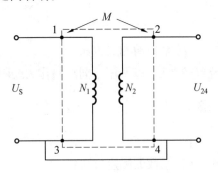

图 3.66　交流法判断互感线圈同名端电路图

2.两线圈互感系数 M 的测定

如图 3.67 所示，在线圈 N_1 两端加一个频率为 f 的低压交流电压 U_S、线圈 N_2 开路，其互感电势 $E_{2M} = \omega M I_1 \approx U_2$，则互感系数 $M = \dfrac{U_2}{\omega M}$。

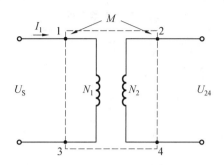

图 3.67　互感系数 M 测量电路图

3.18.5　实验内容

1. 分别用直流法和交流法测定互感系数的同名端

（1）直流法。

按图 3.65 连接电路,直流电源电压 $E=5$ V,迅速接通、关断电源开关,观察电流表指针的变化方向,判断互感线圈同名端。

（2）交流法。

按图 3.66 接线,$U_S=15$ V/50 Hz,分别测出 U_S、U_{12} 和 U_{24},填入表 3.40 中,判断互感线圈同名端。

拆去 3、4 连线,并将 3、2 相接,重复上述步骤,判断同名端。

表 3.40　实验数据

	U_S/V	U_{24}/V	U_{12} 或 U_{14}/V	同名端
3、4 连接				
3、2 连接				

2. 测量互感系数 M

按图 3.67 连接电路,测量 U_S、U_2 和 I_1,填入表 3.41 中,计算出 M。

表 3.41　实验数据

U_S/V	U_2/V	I_1/A	M

3. 观察互感现象

（1）按图 3.67 连接电路,从两线圈中抽出和插入铁芯,观察各表读数变化,填入表 3.42。

（2）改变两线圈的相对位置,观察各电表读数的变化,填入表 3.42。

（3）改用铝棒替代铁棒,重复（1）、（2）的步骤,各电表读数的变化填入表 3.42。

表 3.42　实验数据

	U_S/V	U_2/V	I_1/A	M
插入铁芯				
抽出铁芯				
插入铝棒				
两线圈距离近				
两线圈距离远				

3.18.6　实验注意事项

（1）为避免互感线圈因电流过大而烧毁，整个实验过程中，注意流过线圈 N_1、N_2 的电流不得超过 0.1 A。

（2）做交流实验前，所加电压应该从 0 V 逐渐加大，调节时要特别仔细、小心，要随时观察电流表的读数，不得超过规定值。

3.18.7　实验思考题

（1）为什么要标注同名端？

（2）互感电压的参考方向如何确定？

（3）实际中使用的线圈和耦合电感之间的关系是什么？

（4）除了在实验原理与说明中介绍的测定同名端的方法外，还有没有其他方法？

（5）分析影响互感 M 的因素有哪些？

3.18.8　实验报告要求

（1）总结对互感线圈同名端、互感系数的实验测试方法。

（2）解释实验中观察到的互感现象。

第4章　电路综合实验

4.1　实验一　汽车信号灯电路的设计

4.1.1　实验目的

(1)进一步巩固串并联电路知识,提高知识的综合应用能力。

(2)了解熔断器、继电器、扬声器(喇叭)和蜂鸣器的工作原理。

(3)初步培养电路设计、安装调试和工程制作技能。

4.1.2　实验预习要求

(1)预习熔断器、继电器、扬声器(喇叭)和蜂鸣器的工作原理。

(2)预习电路设计、安装调试和工程制作的方法。

4.1.3　实验仪器与器件

(1)数字万用表或指针式万用表:1块;

(2)灯泡 12 V/2 W:3只;

(3)蜂鸣器:1只;

(4)熔断器:3只;

(5)继电器:1只;

(6)汽车喇叭:1只;

(7)开关:3个;

(8)按钮:1个。

4.1.4　实验原理

汽车信号灯电路系统原理如图 4.1 所示,汽车信号灯电路系统分为汽车启动、倒车和转向三个工作过程。

(1)开关2闭合,启动汽车电源,然后按一下喇叭按钮5,继电器线圈4通电,其触点开关7动作闭合,汽车喇叭6发出声音。熔断器3对汽车喇叭6和继电器线圈4起保护作用。

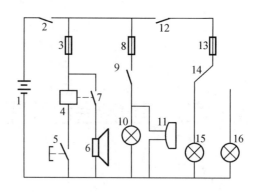

图 4.1　汽车信号灯电路系统

1—电源;2—开关;3,8,13—熔断器;4—继电器
线圈;5—喇叭按钮;6—汽车喇叭;7—触点开关;
8—倒车灯开关;10—倒车灯;11—倒车蜂鸣器;
12—总开关;14—切换开关;15—左转向信号灯;
16—右转向信号灯

(2)倒车时,闭合倒车灯开关9,倒车灯10发亮、倒车蜂鸣器11发出声音信号。熔断器8对倒车灯10和倒车蜂鸣器11起保护作用。

(3)转向时,如果是左转向,首先把切换开关14转到左挡,然后闭合转向灯总开关12,左转向信号灯15接通发亮;如果是右转向,首先把切换开关14转到右挡,然后闭合转向灯总开关12,右转向信号灯16接通发亮。熔断器13对转向信号灯15、16起保护作用。

在图4.1中,熔断器又称为保险丝,如果流过的电流超过额定值,则其发热使熔体熔断,从而断开电路,这样就能够防止电流过大而损坏电路和其他元器件,起保护电路的作用;开关能够保持自身的工作状态,闭合时电路导通接通、断开时电路断开,不需用手按着;按钮是一种无自锁功能的开关,按下时导通,松开时断开;继电器是一种利用其内部线圈产生的磁场来控制开关的闭合和断开的元器件,可以实现用弱电来控制强电。

4.1.5　实验内容

(1)参照图4.1所示电路,改进或重新设计汽车信号灯电路,画出信号灯电路图。其中尾灯4只(12 V/2 W),车前灯2只(12 V/5 W),电源电压为12 V。

(2)计算所需元器件的参数。

(3)按电路图制作电路,按布线规范要求进行布线。

(4)测量汽车喇叭、蜂鸣器和各灯泡的电压、电流并计算出每个灯泡上的实际功率。

(5)测量总电压及总电流并计算总功率。

4.1.6　实验注意事项

(1)在实际的汽车电路中,图4.1所示电路中的电源1是汽车用蓄电池,在实验中可用直流稳压电源代替,所以在设计时应分析计算出电路工作时的最大功率,保证直流稳压电源功率有一定裕量,防止损坏直流稳压电源。

(2)在安装制作电路前,应检查每个元器件是否能够正常工作。

(3)熔断器的额定电流值应根据所保护的支路正常工作电流选取,不要有过大的裕量,保证在过流时能够迅速熔断,保护电路。

4.1.7 实验思考题

(1)常用的熔断器熔断后就需要更换,那么为什么还要在电路中安装熔断器呢?

(2)图 4.1 所示电路中转向灯工作时一直发亮,如果要求转向灯工作时闪烁发亮,应该如何改进?

4.1.8 实验报告要求

(1)写出设计过程,要求有元器件参数计算过程。

(2)将测量数据和理论设计数据进行分析比较。

(3)如果在实验中出现故障,分析产生故障的原因和采取的解决方法。

4.2 实验二 电阻温度计

4.2.1 实验目的

(1)了解直流电桥测量电路。

(2)了解热电阻和热敏电阻,掌握非电量转变为电量的实现方法。

(3)初步培养电路设计、安装调试和工程制作技能。

4.2.2 实验预习要求

(1)复习有关直流电桥的工作原理。

(2)预习有关热电阻和热敏电阻的知识。

4.2.3 实验仪器与器件

(1)可调直流稳压电源:1 台;

(2)数字万用表或指针式万用表:1 块;

(3)检流计:1 块;

(4)水银温度计:1 只;

(5)热敏电阻:1 个;

(6)电阻:根据设计和实验内容自行选择。

4.2.4 实验原理

1.热电阻和热敏电阻

（1）热电阻。

如果电阻的阻值随温度变化,就可以用来测量温度。常用的测温用电阻有金属热电阻和半导体热敏电阻两种。

金属热电阻器常称为热电阻,是中低温区最常用的一种温度检测元件,一般适用于-200～500 ℃范围内的温度测量,其主要特点是测量精度高,性能稳定,广泛应用于工业测温。热电阻大多由纯金属材料制成,纯金属有正的温度系数,温度每升高 1 ℃,电阻增加0.4% ～0.6%,应用最多的是铂和铜。常用的铂电阻有 Pt10、Pt100、Pt1000,其中 Pt100 最常用。铂电阻精度高、稳定性好,适用于中性和氧化性介质的温度检测,但具有一定的非线性,温度越高,电阻变化率越小。铜电阻有 Cu50 和 Cu100,其中 Cu50 最常用。在测温范围内电阻值和温度呈线性关系,适用于无腐蚀介质的温度检测,温度超过 150 ℃易被氧化。

（2）热敏电阻。

半导体热敏电阻器常称为热敏电阻,由半导体材料制成,种类比较多,具有灵敏度较高、工作温度范围宽、易加工成复杂的形状、稳定性好、过载能力强、价格低、体积小、热惯性小等特点,常用阻值在 1 Ω～10 MΩ 之间,常温器件适用于-55～315 ℃。热敏电阻包括正温度系数（PTC）、负温度系数（NTC）和临界温度系数（CTR）热敏电阻器等。

正温度系数热敏电阻器（PTC）的特点是其阻值随温度升高而增大,除可用作温度的检测,还兼有温度控制器、加热器的功能,所以也称为热敏开关。电流流过 PTC 热敏电阻器使其发热、温度升高,作为加热器可以加热空气、水等;当温度超过居里点温度后,电阻增加,电流减小,温度降低,使温度保持恒定,起到控制调节作用,所以 PTC 热敏电阻器还常用于暖风器、电烙铁、烘衣柜、热水器、空调器、冷库和风速机等方面。

负温度系数热敏电阻器（NTC）的特点是其阻值随温度升高而减小。

临界温度热敏电阻器（CTR）具有负电阻突变特性,某一温度下,电阻值随温度的增加急剧减小。

2.非平衡电桥温度检测原理

根据热电阻和热敏电阻的阻值随温度变化的特点,常采用直流电桥将温度信号转换为电压或电流信号,通过对电压或电流的测量来检测温度,如图 4.2 所示,其中电阻 R_X 是可变电阻,U_S 是直流稳压,R_2、R_3、R_4 是阻值固定、温度系数较小的金属膜电阻。

检流计 G 两端的电压 U 为

$$U = \frac{U_S(R_X R_4 - R_2 R_3) r_g}{r_g(R_X + R_3)(R_2 + R_4) + R_2 R_4(R_X + R_3) + R_X R_3(R_2 + R_4)} \tag{4.1}$$

式中,r_g 是检流计 G 的内阻。

若 r_g 远远大于电桥的各个桥臂电阻,上式可近似为

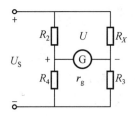

图 4.2　直流非平衡电桥测量原理

$$U = \frac{R_X R_4 - R_2 R_3}{(R_X + R_3)(R_2 + R_4)} U_s \qquad (4.2)$$

当 $R_X R_4 = R_2 R_3$ 时,检流计 G 的指示是零值,电桥达到平衡;当 $R_X R_4 \neq R_2 R_3$ 时,有电流 I_g 通过检流计 G,电桥的平衡状态被破坏,电流 I_g 随电阻 R_X 的阻值变化。

当电阻 R_X 为热电阻或热敏电阻时,利用电桥的这一特性可以制作电阻温度计。当电阻 R_X 分别为光敏电阻、压敏电阻、湿敏电阻等其他敏感电阻时,就可制作照度计、压力计、湿度计等测量仪器或传感器,因此,这种直流电桥测量原理得到广泛的应用。

4.2.5　实验内容

设计要求:测温范围为 0 ~ 100 ℃;测量精度 ≤0.5 ℃。

(1)参照图 4.2 所示电路,分别采用热电阻和热敏电阻设计或改进电阻温度计。

(2)画出电路图,说明测量原理,推导计算公式,计算所需元器件的参数。注意合理选择电桥电路中各元件参数,保证电桥平衡。

(3)按电路图制作电路。

(4)合理选择仪器,拟定实验步骤和数据表格。

(5)用水银温度计作为标准,用一杯 100 ℃ 开水逐渐冷却的温度作为被测对象,逐点校验自制的温度计,对温度计进行测量检验,测量点不少于 11 个,说明测量方法,并对结果进行分析比较。

(6)检验温度计线性度,分析系统误差和随机误差。

(7)进一步改进自制的温度计,提高测量的准确度。

4.2.6　实验注意事项

(1)采用热电阻设计时,其允许最大电流 $I_{max} \leq 5$ mA,以免烧毁。

(2)直流电源电压 ≤5 V。

(3)缓慢调节直流电源输出电压,确保热敏电阻在额定电压下工作。

4.2.7　实验思考题

(1)制作电阻温度计为什么应选择负阻性热敏电阻? 试说明理由。

(2)能否用正阻性热敏电阻制作电阻温度计? 如果可行,试说明制作的方法。

(3)使用热敏电阻要注意什么问题?

4.2.8 实验报告要求

(1)写出设计过程,要求有元器件参数计算过程。

(2)将测量数据和理论设计数据进行分析比较。

(3)如果在实验中出现故障,分析产生故障的原因和采取的解决方法。

(4)试比较热铂电阻温度计和热敏电阻温度计的优缺点。

4.3 实验三 烟雾报警器电路

4.3.1 实验目的

(1)掌握直流电桥测量电路和非电量转变为电量的实现方法。

(2)了解光敏电阻、发光二极管和晶体三极管。

(3)培养电路设计、安装调试和工程制作技能。

4.3.2 实验预习要求

(1)复习有关直流电桥的知识。

(2)预习有关光敏电阻、发光二极管和晶体三极管的知识。

4.3.3 实验仪器与器件

(1)可调直流稳压电源:1台;

(2)数字万用表或指针式万用表:1块;

(3)检流计:1块;

(4)LED指示板:1块;

(5)光敏电阻:1个;

(6)电阻:根据设计和实验内容自行选择。

4.3.4 实验原理

1.光敏电阻、发光二极管和晶体三极管

(1)光敏电阻。

光电效应是材料受到光辐射后其电导率发生变化的现象,光敏电阻就是用这种具有光电效应的材料制成的光电器件。根据所用的半导体材料,光敏电阻可分为本征型和掺杂型两种类型,在掺杂型光敏电阻中N型半导体材料制成的光敏电阻性能稳定、特性较好,故目前大都采用。根据光谱特性和最佳工作波长范围,光敏电阻分为对紫外光敏感的光敏电阻和对可见光敏感的光敏电阻。

光敏电阻没有极性,使用时在电阻两端加直流或交流偏压。光敏电阻不受光照射时的电阻称为暗电阻,此时流过的电流称为暗电流。受光照射时的电阻称为亮电阻,对应的电流称为亮电流。亮电流与暗电流之差称为光电流。光电流越大,灵敏度越高。光电流随着照度的变化而改变的规律称为光照特性。不同类型的光敏电阻的光照特性不同。光电流随着照射强度一起增大或减小。当入射光很强或很弱时,光敏电阻的光电流与光照之间会呈现非线性关系,其他照度区域呈近似的线性关系。

(2)发光二极管。

发光二极管简称 LED(Light–Emitting Diode),是一种能发光的半导体元件。与普通二极管一样,发光二极管由 PN 结组成,具有单向导电性,当发光二极管加正向电压后,产生自发辐射的荧光,常用的是发红光、绿光或黄光的二极管。发光二极管的反向击穿电压约为 5 V,正向导通电压在 1 ~ 2.5 V 之间,与发光的颜色有关,其正向伏安特性曲线很陡,使用时必须串联限流电阻以控制通过管子的电流。发光二极管符号如图 4.3(a)所示。

(3)晶体三极管。

晶体三极管也称双极型晶体管、半导体三极管,简称三极管,是一种电流控制电流的半导体器件,是电子电路中最重要的器件。三极管由两个 PN 结构成,具有三个电极,即基极 B、集电极 C 和发射极 E。由于不同的组合方式,分为 NPN 型和 PNP 型三极管,以材料分有硅材料和锗材料。晶体三极管符号如图 4.3(b)、(c)所示。

晶体三极管的主要功能是电流放大和开关作用,当处于电流放大状态时,基极电流控制集电极电流,即 $i_C = \beta i_B$,β 是晶体三极管共发射极电流放大系数;当晶体三极管的 $u_{BE} < 0.7$ V 时,$i_C \approx 0$,相当于集电极和发射极断开,晶体三极管处于截止状态,当 $u_{BE} \geqslant 0.7$ V、$u_{CE} \leqslant 0.3$ V 时,$i_C > 0$,集电极和发射极近似为短路,晶体三极管处于饱和状态。

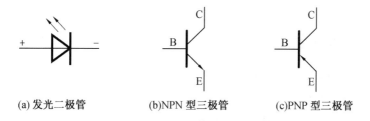

(a)发光二极管　　　　(b)NPN 型三极管　　　　(c)PNP 型三极管

图 4.3　发光二极管和晶体三极管符号

2.烟雾报警器原理

如图 4.4 所示烟雾报警器电路,其中 R_2、R_3 是光敏电阻,LED 是发光二极管,作为报警指示。在没有烟雾或烟雾较小时,R_2、R_3 受到光照强度较大,R_2、R_3 的阻值较小,A、B 两点之间的电压 $U < 0.7$ V,三极管 T 截止,LED 不发光,无报警指示;在有烟雾遮挡时,R_2、R_3 受到光照强度较小,R_2、R_3 的阻值增大,A 点电位降低、B 点电位升高,A、B 两点之间的电压 $U > 0.7$ V,三极管 T 导通,LED 发光,报警指示。

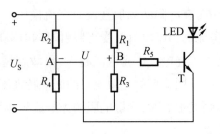

图 4.4　烟雾报警器电路

4.3.5　实验内容

（1）参照图 4.4 所示电路,选择光敏电阻型号和参数范围。

（2）画出电路图,说明测量原理,计算所需电阻、三极管和 LED 参数。LED 发光二极管正常工作电流为 10～15 mA。

（3）按电路图制作电路。

（4）用物体遮挡模拟烟雾,改变 R_1、R_4 和 R_5,进行电路调试。

（5）拟定数据表格,测量调试后各元件的参数。

（6）合理选择仪器,拟定数据表格,测量有报警和无报警时电路各点电位。

（7）进一步改进电路,提高烟雾报警器的敏感度。

4.3.6　实验注意事项

（1）电阻 R_4 除作为电桥电阻外,还有对 LED 发光二极管限流的作用,所以 R_4 阻值必须保证 LED 发光二极管电流在 10～15 mA 范围内。

（2）在安装制作电路时,光敏电阻 R_2、R_3 的位置要尽量靠近,保证 2 个光敏电阻受到的光照强度相等。

4.3.7　实验思考题

（1）了解所需元器件功能和特性。

（2）选择光敏电阻,计算各元件的型号和参数范围。

（3）拟定制作、调试实验步骤,拟定数据表格。

4.3.8　实验报告要求

说明设计和实验调试、测量过程,整理实验数据,总结实验收获。

4.4　实验四　回转器

4.4.1　实验目的

（1）学习回转器的测试方法,加深对回转器特性的理解。

(2)学习用回转器和电容来替代电感的方法。

4.4.2　实验预习要求

(1)复习有关回转器的知识。

(2)预习回转器电路原理和回转器电路板的接线方法。

4.4.3　实验仪器与器件

(1)可调直流稳压电源:1 台;

(2)示波器:1 台;

(3)正弦信号发生器:1 台;

(4)数字万用表或指针式万用表:1 块;

(5)回转器实验板:1 块;

(6)实验线路板或面包板:1 块;

(7)可变电阻箱:1 台;

(8)可变电容箱:1 台;

(9)电阻 2 kΩ:1 个。

4.4.4　实验原理

1. 回转器

如图 4.5 所示,回转器是一种线性非互易的二端口元件,其特性表现为能将一端口上的电压(或电流)"回转"为另一端口上的电流(或电压)。端口间电压与电流间的关系为

$$\begin{cases} u_1 = -r_1 i_2 \\ u_2 = r_2 i_1 \end{cases} \quad \text{或写为} \quad \begin{cases} i_1 = g_2 u_2 \\ i_2 = -g_1 u_1 \end{cases} \tag{4.3}$$

其中,r_1、r_2、g_1、g_2 统称为回转常数,是表征回转器特性的参数。r_1、r_2 称为回转电阻或回转比;g_1、g_2 称为回转电导,$g_1 = 1/r_1$、$g_2 = 1/r_2$。对于理想的回转器有 $r_1 = r_2$、$g_1 = g_2$。

理想的回转器可以用电流控制电压源或电压控制电流源等效,如图 4.6 所示。

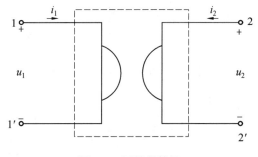

图 4.5　回转器符号

任一瞬间输入理想回转器的功率为 $u_1 i_1 + u_2 i_2 = -r i_2 i_1 + r i_1 i_2 = 0$,因此,理想回转器是不储

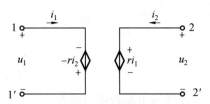

(a) 电流控制电压源等效回转器电路

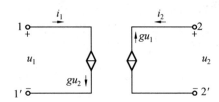

(b) 电压控制电流源等效回转器电路

图 4.6　回转器的等效电路

能、不耗能的无源线性二端口元件。

在实际回转器中,由于不完全对称,回转电导 g_1 和 g_2 接近但不相等,可以通过测量实际回转器的端口电压和电流后计算得出。实际回转器是一种有源元件。

2. 回转器的逆变性

如图 4.7 所示,在回转器的 $2\text{-}2'u_2$ 端接入负载阻抗 Z_L 时,u_1 是正弦交流输入,则 $1\text{-}1'$ 端的输入阻抗为

$$Z_{in} = \frac{u_1}{i_1} = \frac{-\dfrac{1}{g}i_2}{gu_2} = \frac{1}{g^2}\left(-\frac{i_2}{u_2}\right) = \frac{1}{g^2 Z_L} \tag{4.4}$$

即 $Z_{in} = \dfrac{1}{g^2 Z_L} = r^2 \dfrac{1}{Z_L}$。

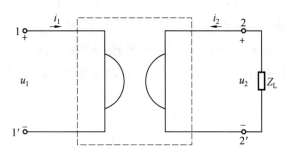

图 4.7　接有阻抗负载的回转器

如果 $Z_L = R_L$ 是一个纯电阻,则

$$Z_{in} = \frac{1}{g^2 R_L} = r^2 \frac{1}{R_L} \tag{4.5}$$

输入端等效为一个电导。如果 $Z_L = \dfrac{1}{j\omega C}$,则

$$Z_{\text{in}} = \frac{1}{g^2 Z_{\text{L}}} = \frac{1}{g^2 \dfrac{1}{j\omega C}} = j\omega \frac{C}{g^2} = j\omega r^2 C = j\omega L \tag{4.6}$$

输入端等效为一个电感 $L = \dfrac{C}{g^2} = r^2 C$。

可见,回转器具有逆变性,能够将电阻等效电导;能够把电容回转为电感,实现了没有磁场的电感。这为实现难于集成的电感提供了可能性,特别是模拟大电感量和低损耗的电感器。

3. 回转器的实现

回转器可以用运算放大器来实现,如图 4.8 所示,$R_1 = R_2 = R_3 = R_4 = 1\ \text{k}\Omega$。

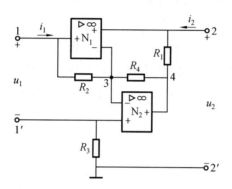

图 4.8　用运算放大器实现回转器

$$i_2 = \frac{u_2 - u_4}{R_1} \tag{4.7}$$

对运算放大器 N_1 的同相端,其端电压与节点 3、端钮 2 的电压相同,由 KCL 得 $i_1 = -\dfrac{u_2}{R_3}$,对节点 3,由叠加定理得

$$u_3 = u_2 = \frac{R_2}{R_2 + R_4} u_4 + \frac{R_4}{R_2 + R_4}(u_1 + u_2) \tag{4.8}$$

整理得

$$u_2 - u_4 = \frac{R_4}{R_2} u_1 \tag{4.9}$$

将式(4.9)代入式(4.7),得

$$i_2 = \frac{R_4}{R_1 R_2} u_1 \tag{4.10}$$

当 $R_1 R_2 = R_3 R_4$ 时,得

$$\begin{cases} i_1 = -\dfrac{u_2}{R_3} \\[2mm] i_2 = \dfrac{1}{R_3} u_1 \end{cases} \tag{4.11}$$

则

$$g = \frac{1}{R_3} \tag{4.12}$$

图 4.8 中所有电阻值为 1 kΩ,由于实际电阻的阻值的离散性以及运算放大器也不是理想的,所以图 4.8 所示用运算放大器实现的回转器不是理想的,也就是 $g_1 \approx g_2$。

4.4.5 实验内容

1. 测量回转器的回转电导和输入电阻

测量电路如图 4.9 所示,$R = 2$ kΩ、$R_L = 2$ kΩ,在连接电路前首先测量 R 和 R_L 的实际值,然后按图 4.9 连接电路。u_S 是频率为 3 kHz 左右、有效值在 0 ~ 3 V 范围内变化的交流正弦电压源。

从低到高逐渐增加正弦信号 u_1 的幅值,每增加约 0.5 V 取一个点,测量此时的 u_1、u_2 和 u_R 的有效值 U_1、U_2 和 U_R。根据 U_1、U_2 和 U_R 和 R、R_L 的实际值,计算电流 i_1、i_2 的有效值 I_1、I_2,填入表 4.1,计算回转电导 g_1、g_2 和输入电阻 R_{in},并与理论计算值进行比较。回转电导 g 取 g_1、g_2 的平均值。

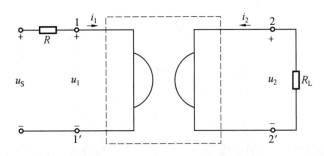

图 4.9　回转电导和输入电阻测量电路

表 4.1　回转电导和输入电阻测量数据

U_1/V	U_2/V	U_R/V	I_1/A	I_2/A	g_1/S	g_2/S	g/S	R_{in}/Ω

$R($实际值$) = \quad$ Ω,$R_L($实际值$) = \quad$ Ω

2. 等效电感器的测量

测量电路如图 4.10 所示,$R = 2$ kΩ、$C_L = 1$ μF,在连接电路前首先测量 R 的实际值。u_S 是有效值 3 V 左右的交流正弦电压源。

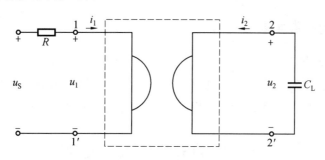

图 4.10　等效电感器测量电路

从低到高逐渐增加正弦信号 u_S 的频率,用示波器观察不同频率时输入电压 u_1 和输入电流 i_1 的波形和相位关系,并测量 u_R 和 u_1 的有效值 U_R 和 U_1,根据 U_R 和 R 的实际值计算 i_1 的有效值 I_1,填入表 4.2,等效电感取平均值,并与理论计算值进行比较。

因为电阻 R 两端电压 u_R 波形与流过其电流 i_1 的波形同相,可以用示波器观察 u_R 波形,从而得到 i_1 的波形。为保证示波器两路输入共地,不能直接测量 u_R 的波形,可以把 u_S 和 u_1 分别输入示波器的输入通道 1 和通道 2,利用示波器的数学计算功能,按下 Math 按钮,选择 $CH_1 - CH_2$ 功能,示波器上显示出的 M 波形就是 u_S 和 u_1 的差值,即 u_R 的波形。

表 4.2　等效电感器测量数据

f_S/kHz	U_1/V	U_R/V	I_1/A	L/H

$\overline{L} =$ 　　　H, R(实际值)= 　　　 Ω

4.4.6　实验注意事项

(1)回转器实验板的端口端钮和直流供电端端钮不得接错,更换实验内容时,必须首先关断实验板的供电电源。

(2)注意正弦信号源和示波器公共地点的正确选取。

(3)交流电源的输出不能太大,否则运算放大器饱和,正弦电压波形出现畸变,影响实验测量准确性。

4.4.7　实验思考题

(1)为什么当实际回转器的回转电导不相等时,该回转器称为有源回转器?

(2)理想回转器由有源器件构成时,也称为有源回转器吗?

4.4.8 实验报告要求

(1)根据实验数据,算出回转器的回转电导、输入阻抗,并与理论值相比较。

(2)描绘用示波器观察到的模拟电感器的 u-i 波形,解释相位超前滞后关系。

(3)把测出的电感值与理论计算值相比较(计算电感数值时,回转电导取实测数值)。

4.5 实验五 负阻抗变换器

4.5.1 实验目的

(1)了解负阻抗变换器的组成原理。

(2)学习负阻抗变换器的测量方法。

(3)加深对负阻抗变换器的认识。

4.5.2 实验预习要求

(1)复习有关负阻抗变换器的知识。

(2)预习负阻抗变换器电路的工作原理和负阻抗变换器电路板的接线。

4.5.3 实验仪器与器件

(1)可调直流稳压电源:1 台;

(2)数字万用表或指针式万用表:1 块;

(3)负阻抗变换器实验板:1 块;

(4)可变电阻箱:1 台;

(5)实验线路板或面包板:1 块;

(6)电阻 200 Ω:1 个。

4.5.4 实验原理

1. 负阻抗变换器及其性质

负阻抗变换器,简称 NIC,是一个能将阻抗按一定比例进行变换并改变其符号的二端口元件。负阻抗是电路理论中的一个重要基本概念,在工程实践中有广泛的应用。除某些线性元件(如隧道二极管)在某个电压或电流的范围内具有负阻特性外,一般都由线性集成电路或晶体管等元件构成一个具有等值的线性负阻抗特性的有源双口网络,这样的网络也称为负阻抗变换器。

按有源网络输入电压和电流与输出电压和电流的关系,可分为电流倒置型(INIC)和电压倒置型(VNIC)两种。电流倒置型也称为电流反向型,电压倒置型也称为电压反向型,两种电路模型如图 4.11 所示。

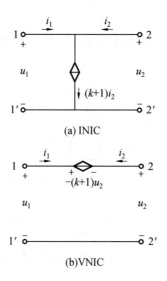

(a) INIC

(b)VNIC

图 4.11　负阻抗变换器的两种电路模型

在理想情况下,负阻抗变换器的电压、电流关系为:

INIC 型

$$\begin{cases} u_1 = u_2 \\ i_1 = ki_2 \end{cases}$$

k 为电流增益。

VNIC 型

$$\begin{cases} u_1 = -ku_2 \\ i_1 = -i_2 \end{cases}$$

k 为电压增益。

如果在 INIC 的输出端接上负载,如图 4.12 所示,则输入阻抗为:

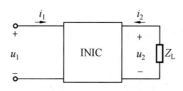

图 4.12　INIC 负载转换

INIC 型

$$Z_i = \frac{u_1}{i_1} = \frac{u_2}{ki_2} = -\frac{Z_L}{k}$$

VNIC 型

$$Z_i = \frac{u_1}{i_1} = \frac{-ku_2}{i_2} = -kZ_L$$

可见,负阻抗变换器具有把正阻抗变为负阻抗的性质。

2. 负阻抗变换器电路的实现

负阻抗变换器可以用晶体管电路或运算放大器来实现,如图 4.13 所示是用运算放大器组成的 INIC 电路。

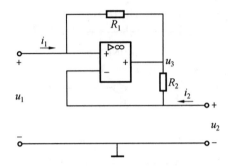

图 4.13　用运算放大器组成的 INIC 电路

根据运放理论可知

$$u_1 = u_+ = u_- = u_2, \quad 即\ u_1 = u_2 \tag{4.13}$$

$$\begin{cases} i_1 = \dfrac{u_1 - u_3}{R_1} \\ i_2 = \dfrac{u_2 - u_3}{R_2} = \dfrac{u_1 - u_3}{R_2} \end{cases} \tag{4.14}$$

$$\frac{i_1}{i_2} = \frac{R_2}{R_1}, \quad i_1 = \frac{R_2}{R_1} i_2 = k i_2, \quad k = \frac{R_2}{R_1} \tag{4.15}$$

$$Z_i = \frac{u_1}{i_1} \tag{4.16}$$

取 $R_1 = 330\ \Omega$,$R_2 = 1\ \mathrm{k}\Omega$,$k = \dfrac{100}{33}$;取 $R_1 = R_2 = 1\ \mathrm{k}\Omega$,$k = 1$。

4.5.5　实验内容

1. 测量电流增益 k 和负电阻的伏安特性

按图 4.14 连接电路,S 断开,$u_1 = +2\ \mathrm{V}$,为直流电压。调节 R_L 在 $200 \sim 1\mathrm{k}\ \Omega$ 变化,测量 u_1、u_2 和 i_1、i_2,根据测量值计算测量电流增益 k 和输入电阻 R_i,填入表 4.3。

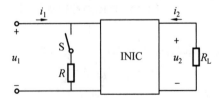

图 4.14　电流增益 k 和负电阻的伏安特性测量电路

表 4.3 电流增益 k 和负电阻的伏安特性测量数据

R_L/Ω								
u_1/V								
u_2/V								
i_1/A								
i_2/A								
k								
R_i/Ω								
$\bar{k}=$								

2. 测量负阻抗变换器负阻抗变换性质

按图 4.14 连接电路,S 闭合,$R_L=200\ \Omega$,$u_1=+2\ V$,为直流电压。调节 $R=80\sim1k\ \Omega$ 变化,测量 u_1 和 i_1,根据测量值计算输入电阻 R_i,填入表 4.4。

表 4.4 负阻抗变换性质测量数据

R_L/Ω							
u_1/V							
i_1/A							
R_i/Ω							
$R=$	Ω						

4.5.6 实验注意事项

(1)负阻抗变换器实验板的端口端钮和直流供电端端钮不得接错,更换实验内容时,必须首先关断实验板的供电电源。

(2)注意正弦信号源和示波器公共地点的正确选取。

(3)输入电压不能太大,否则运算放大器饱和,影响实验测量准确性。

4.5.7 实验思考题

(1)测量负电阻的伏安特性时,能否采用正弦交流信号?为什么?

(2)正电阻和负电阻都是二端元件,两者有何不同?

(3)戴维宁定理是否适用于含负电阻的有源单口网络?

(4)从负阻抗变换角度看,当输出端口接正电容时,从输入端口看进去为负电容,如果输出端接正电感,输入端看进去为负电感。从示波器观察相位关系时发现负电容即为正电感,那么负电感应当是正电容,这种说法正确吗?为什么?

4.5.8 实验报告要求

(1)根据测量数据计算电流增益 k,绘制负电阻的伏安特性曲线,并与理论值比较,分析误差产生的原因。

(2)总结对负阻抗变换器的认识。

参 考 文 献

[1] 邱关源.电路[M].5版.北京:高等教育出版社,2006.

[2] 齐凤艳.电路实验教程[M].北京:机械工业出版社,2009.

[3] 蔡惟铮.常用电子元器件手册[M].哈尔滨:哈尔滨工业大学出版社,1998.

[4] 尹明.电路原理与电工学实验教程[M].哈尔滨:哈尔滨工程大学出版社,2011.

[5] 田社平,陈洪亮.利用运算放大器构成回转器的电路及其仿真测量[J].电气电子教学学报,2008,30(2):67-69.

[6] 项经猛.负阻抗变换器的实现与应用研究[J].襄樊学院学报,2002,23(5):58-61.

[7] 王丽香,吕春,王吉有.用非平衡电桥原理制作铜电阻热敏温度计[J].大学物理实验,2007,20(2):41-43.

[8] 赵子珍,梁尊,李书川,等.热敏电阻测温仪探讨[J].广西物理,2007,28(3):54-56.

[9] 宋吉江,牛轶霞.光敏电阻的特性及应用[J].微电子技术,2000,28(1):55-57.